U0195853

薛正昌 / 著

驼铃悠韵萧关道

重走万里玉帛之路 挖掘千年文化遗存

上海科学技术文献出版社
Shanghai Scientific and Technological Literature Press

图书在版编目（CIP）数据

驼铃悠韵萧关道 / 薛正昌著． —上海：上海科学技术文献出版社，2016

（玉帛之路文化考察丛书）

ISBN 978-7-5439-7108-0

Ⅰ．① 驼… Ⅱ．①薛… Ⅲ．①玉石—文化—中国—古代②丝绸之路—文化史 Ⅳ．① TS933.21 ② K203

中国版本图书馆 CIP 数据核字 (2016) 第 150841 号

本书由上海文化发展基金会图书出版专项基金资助出版

责任编辑：胡欣轩 王茗斐
装帧设计：有滋有味（北京）
装帧统筹：尹武进

丛书名：玉帛之路文化考察丛书
书 名：驼铃悠韵萧关道
薛正昌 著
出版发行：上海科学技术文献出版社
地 址：上海市长乐路 746 号
邮政编码：200040
经 销：全国新华书店
印 刷：上海中华商务联合印刷有限公司
开 本：889×1194 1/32
印 张：8
字 数：179 000
版 次：2017 年 2 月第 1 版 2017 年 2 月第 1 次印刷
书 号：ISBN 978-7-5439-7108-0
定 价：48.00 元
http://www.sstlp.com

薛正昌简介

　　薛正昌,男,1956年11月生,宁夏固原人。现任宁夏社会科学院历史研究所所长、《西夏研究》主编、二级研究员、编审职称。主要从事区域历史文化、旅游文化、编辑学研究。社会与学术兼职:宁夏哲学社会科学规划专家评审组成员、全国社科规划课题评审专家;宁夏历史学会副会长、宁夏大学兼职教授、宁夏文史研究馆特邀研究员、宁夏政协文史专员。先后完成区级课题4项,国家课题2项,国家课题集体项目1项。发表文史类学术论文300余篇。2001年获准享受自治区人民政府"政府特殊津贴";2006年获国务院政府特殊津贴专家。

出版著作:

《董福祥传》(甘肃人民出版社1994年)

《固原历史地理与文化》(甘肃文化出版社1998年)

《李梦阳全传》(长春出版社1999年)

《固原旅游文化与开发》（宁夏人民出版2000年）

《西部风物丛书·固原卷》（云南人民出版社2001年）

《宁夏旅游文化丛书·六盘山与须弥山》（宁夏人民出版社2000年）

《宁夏历史文化地理》（宁夏人民出版社2007年）

《历代帝王在宁夏》（宁夏人民出版社2008年）

《红军长征、西征在宁夏》（宁夏人民出版社2009年）

《嫁衣余香录：编辑文化学研究》（甘肃人民出版社2010年）

《宁夏境内丝绸之路文化研究》（甘肃教育出版社2014年）

《隐形将军韩练成》（商务印书馆2015年）

《根脉与记忆：宁夏文化遗产》（中央编译出版社2016年）

散文集《行走在苍老的年轮上》（宁夏人民出版社2005年）

《传统与现代之间：西非贝宁纪行》（甘肃人民出版社2016年）

"玉帛之路文化考察丛书"编委会

　　本丛书是兰州市科技局"基于甘肃省玉矿资源的丝绸之路敦煌玉文化创意产品的开发与推广"阶段性成果。项目编号 2016-3-137

目录

古今生辉的名字

感受丝路文化魅力

我的故乡宁夏固原是古丝绸之路东段北道必经之地。当得知2007年年末，国家文物局在丝绸之路重镇兰州开过第一次重要的会议，河南、陕西、甘肃、宁夏、青海和新疆6个省区文物管理部门以及相关地方政府的负责人汇聚一堂，共商丝绸之路申报世界文化遗产的大事时，我打心眼里高兴，便想起了数年前在陇东重镇平凉买过的一本《瀚海驼铃——丝绸之路的人物往来与文化交流》（甘肃教育出版社1999年）。春节闲暇，伴着多年不遇的积雪，又一次翻阅了这本关于丝绸之路文化的书。

这本书就其内容看，是以历史故事的形式，截取2 000多年前发生在丝绸之路上的重要历史事件、影响后世的历史人物、著名战将、民族迁徙、中外著名僧人、宗教文化等，以此来追溯中西文化在丝绸之路上的经历。人是文化的载体，从选取的人物看，上至帝王，下至使节、商旅、僧人、政治家，如同一个长长的文化链条在丝绸之路上延伸。这条从长安到古罗马之间数千公里的路途，穿越了2 500多年的时空，犹如一艘巨大的文化之舟，将西域中亚的文化输送到中国，又将中国的文明传送到域外。书中的内容，仅是选取了丝路文化的精华，相对于整个丝绸之路文化，只是其经历的点滴，不可能完整地反映数千年间丝绸之路的全貌。但它毕竟是这段历史的折射，书里的故事、人物和文化交流往来承载着中西历史文化，再现了那一段宏大的文化背景。

用写故事的形式表述历史和文化，是近年来学者们所追求的，将深奥的学术经历用通俗的话语表述出来，将遥远历史用近距离的视角语言转换出来，是读者们所渴望的。这本书做到了。其实，不光是将历史和文化故事化、通俗化，那段源自历史时期的凝固了的地方历史文化遗存，同样在用一种特殊的语言表述着历史。

该书文字很轻松，是一种散文化的笔法，很好读，不觉得干涩和乏味。我想，如果能加入一些学术性的文字，再配上图片，故事伴着情节，读者层面就会更宽泛，会更受欢迎。

地域历史和文化，是未来学术研究所关注的重要领域。从地域历史和文化的意义上，喜欢读大地域历史和文化的读者，或许还在等待着像《瀚海驼铃》这样的好书。

2008年，中宣部、新闻出版总署联合举办"读一本好书"有奖征文。这篇文章就是当年参赛获奖征文。虽然只是读一本书之后的体会，也是自己对丝绸之路历史与文化及其表述的粗浅理解，但它是丝绸之路历史与文化的宏观追溯与表达。现在拿出来放在这本小册子的首篇，想表达自己对丝绸之路的特殊情结，也权当本书的引子。

萧关道与丝绸之路

萧关，是古丝绸之路上的著名古关。

在固原师范高等专科学校工作20余年，主要是做学报编辑工作。《固原师专学报》创刊的当年，我就跟上了这班车。当时，学报由甘肃平凉印刷厂承印，平凉便成为我往返过20个年头的地方。穿越在这条丝路古道上，也看惯了萧关古道的春夏秋冬，追溯过行走在这条丝路上的各色人物。

萧关是两山夹一水（泾水）的地方，狭窄处只容单车经过，有一夫当关之险峻。《史记》里清楚地写着东函谷，南武关，西散关，北萧关，有了这四关，才有了关中，萧关是拱卫关中的西北屏障。萧关方位，地当现在固原东南三关口至瓦亭峡一带，后人给三关口起了一个很雅致的名字——弹筝峡，因水得名。战国、秦汉时期，这里驻守着北地郡的最高军事武官，主要是为了防御清水河通道。古代，北方游牧民族的骑兵经常穿越这里南下，甚者进入关中。如汉文帝十四年（前166年），匈奴14万铁骑大举南下攻克萧关，驻防萧关的军事长官孙卬战死，匈奴兵锋直达关中，致使朝野震惊。东汉末年，著名文学家班彪沿丝绸之路来固原考察，写下了著名的《北征赋》，"闵獯鬻之猾夏兮，吊尉卬于朝那"，其目的之一就是寻访萧关，凭吊孙卬。

萧关，是丝绸之路穿越的地方，也是文化传递与商贸往来的通道。有了萧关，便有了萧关道。汉代以后的萧关在军事防御方面逐渐淡出，但因萧关而畅通的萧关道，却成了丝绸之路的另一种称谓，体现着多重价值与意义。泾水南下与渭河相接；清水河北上汇入黄河，两条水系将宁夏南北连接贯通，丝路畅通。作为绿洲丝绸之路必经之地，萧关道承载着丝绸之路这条商贸与文化之舟。

秦汉时期的萧关，奠定了关中汉唐政治中心及其地位，在中国历史上影响深远；汉唐时期的萧关道缘萧关而来，与丝绸之路相伴相依，不但使节、僧侣、商人往来于萧关道，而且成为诗人和文学家描绘的对象，他们往来于萧关道，留下了大量描写萧关与萧关道的诗，不少诗文都成了千古绝唱。如"回中道路险，萧关烽候多"（卢照邻），"凉秋八月萧关道，北风吹断天山草"（岑参），"萧关逢侯骑，都护在燕然"（王维），"萧关陇水入官军，青海黄河卷塞云"（杜甫），"蝉鸣空桑林，八月萧关道"（王昌龄），"今来部曲尽，白首过萧关"（卢纶），诗文浓缩了诗人们途经萧关的经历和感悟，包括丝绸之路意义上的萧关道。萧关有幸，看惯了僧侣使节们穿梭在丝路古道上的身影，听惯了谷底潺潺的流水声——弹筝峡里的山水琴韵。诗人们有缘，体验过穿越萧关时遮天蔽日的险峻，聆听过丝路古道上的驼铃之声，尤其是写下了行走在萧关古道上的亘古情怀。千年后，当丝路文化大放异彩之时，在汉唐诗人们留下的文化遗产里，同样彰显着萧关古道的悠久与丝绸之路的辉煌。

图1

固原城的岁月

"城"的出现，是中华文明历史进程中的重要标志之一。固原城（高平城）的修筑，同样显示了固原地域文明的进程和悠久的历史。城市的出现，是社会发展和文化繁荣的象征。哲学家说：人类是擅长制造城市的动物，人类所有的伟大文化都是从城市中产生的；世界史就是人类的城市时代史。如果从这个意义上来审视固原城及其发展历史，那么，固原的历史发展和文化演进都融注在"城"与"城市"的历史之中。

固原城，地处六盘山下的清水河畔，是汉唐关中以北著名的军事重镇，也是丝路古道上的控制性城市。两千多年的固原古城，见证了丝路古道上中西文化交流的繁盛与冷清。有人对此做过多元的文化界定：城市是一个自然的地理单元；城市是人类的一种聚住方式；城市是一片经济区域；城市是一种文化空间；城市是一部打开的书，记载着一代又一代人的光荣和梦想、期冀和抱负；城市是一种群体人格；城市是一种生活方式……这里，将城市古今所特有的多元功能析论得极是透彻。由此，我们可以从城市的兴盛衰亡看到社会的变迁和文化变迁的宏观演进轨迹。也正是从这个意义上，我们由固原城的历史命运和繁荣兴衰，即可看到固原的历史发展和社会、文化的消长沉浮。人造城市，城市造人，人和城市共同造就着城市文化。古代是这样，现代更是如此。

固原古城位于宁夏南部，正当清水河上游西岸、六盘山麓东北，是古代丝绸之路东段北道上的重镇。境内城的缘起已两千多年，最早应是义渠戎国时期修筑的城；乌氏城，是有政权建制后较早的城。而得以沿袭且发展起来的城，就是现在的固原古城。固原城是一座历史名城，军事地理位置非常重要，战国秦长城自西北向东南绕城而过，后人形象的评价说："左控五原，右带兰金，黄流绕北，崆峒南阳"，自古就是关中通往塞外西域的"咽喉"要道上的关口。

公元前114年，雄才大略的汉武帝为加强西北边地军事防御，析北地郡置安定郡，治高平城（现在的固原城），这是史书有明确记载的固原历史上的城。因为高平城影响深远，我们便以高平城相称。在此之前的高平城址上是否已有过筑城历史，也是不敢断然否定的。因为，义渠戎国在固原境内是建过不少城池的。高平城位于六盘山东麓、高平川水（清水河）上游，军事地理、人文地理和自然环境皆宜于城址的选取。高平城的筑就，奠定了固原城池建筑格局，成为固原城形成和发展的第一座里程碑。高平城为方形，城内已建有象征着安定郡军权和财权的武库和太仓等；就建筑材料看，已有卷云瓦当，有青龙、白虎、朱雀、玄武四神瓦当，有绳纹板瓦，铺地花纹方砖，特别是陶水管道的发现。由此可见汉代高平城的格局和修筑的规模。

百余年后，泱泱西汉大国土崩瓦解，全国呈诸侯割据之势。当时隗嚣控制西北，他看准了高平城的军事地理位置，派大将高峻拥重兵据守，遂演出了一幕东汉初年刘秀亲征高平的历史。高平城"西遮陇道"，是刘秀攻去陇右前必须夺据的重镇和战略要地。此前，刘秀部将耿弇围高平城一年未开。其实，刘秀率大军亲征高平，是师从马援计谋，以智取而非强攻的，足见高平城的险峻和坚固。公元23年四月高平城门敞开，迎接刘秀大军入城。同时，河西大将军窦融也率河西五郡太守及羌虏小月氏等少数民族步骑数万人，辎重五千余辆，浩浩荡荡进入高平城，与刘秀大军相会。在高平，刘秀大会群臣，"置酒高会"，为有功之臣嘉封爵级。这是汉代高平城最具辉煌的时期之一，也是固原历史上有影响的重大事件之一。

东汉末三国时期，边地少数民族不断内迁，安定郡治也在无奈中内徙，成为高平城发展的低谷时期，显得萧条，但时间短暂。魏晋时期，政权割据纷纷变换，"城"是随着战争和政权更迭而兴废的。前赵时期，高平城又有了新的建制，成为朔州牧官都尉之治所，不久又废。这一时期高平城为鲜卑民族占据。赫连勃勃时期（417—431）鲜卑人没奕于（《资治通鉴》作没奕干）居高平，封高平君公，后因赫连勃勃袭杀而离开高平城。赫连勃勃在固原建都称王，不但是当时北方少数民族政权的突出代表，也是固原历史上特殊的历史现象，但沿袭时间短暂。这一时期高平城的归属，几乎是朝令夕改，直到北魏建立。

图2

魏晋南北朝社会动荡乱离,多伴以战争,但却为城池的修筑提供了历史机遇。北周天和四年(569年)正月,新筑原州城。这是脱开原高平城的空间扩大增筑后的新城,原高平城成为新筑城的内城。唐宋以前原州城的格局就是这次奠定的。

魏晋南北朝时北方战乱频仍,固原更是各个政权争夺的地方。北周时,北方局势已相对稳定,新"筑原州城",与北魏重臣宇文泰有关。宇文泰是在战争中崛起的一方诸侯,固原是他击败高平起义领袖万俟丑努之后得以发展的地方,在他左右西魏、北周朝政之后,曾数次巡幸原州,并将第四子托于原州李贤家中抚养。北周天和三年,宇文泰在原州长时间逗留,第二年即筑原州城。这次筑城规模大,规格高,是固原城发展过程中承前启后的转折。

唐代,中央集权不断加强和巩固,国家昌盛富足,文化科技空前繁荣,为城市的建设及城内建筑的大发展奠定了基础,固原城也迎来了它的又一个兴盛繁荣期。但是,如果以公元756年的"安史之乱"为转折,以公元763年吐蕃陷原州为标志,固原城经历了有史以来的第一次严重的战争损坏。渔阳鼙鼓震醒了煌煌大唐帝国的美梦,也破碎了原州城的陴橹重镇。"安史之乱"后,吐蕃趁机内侵,河西、陇右皆陷,原州大半壁河山在这场战争的浩劫中成了吐蕃铁蹄践踏的疆场。原州政权内迁,一夜间,原州城成了边外孤城。这种破坏性的历史,前后沿袭了86年之久,这是固原城的历史性悲剧。

两宋时期,中国的城建又进入了一个新的发展阶段,城的建筑形制也发生了变化。这种变化也是伴随着战争的。宋代的镇戎军城(固原城)与前代不同的是,已筑有瓮城和马面。瓮城为大城外的小城,形制为半圆形,俗称月城,其功用是掩护城门,加强防御能力。马面是城墙突出的部分,利用马面可以更有效地反击进攻城墙的敌人。宋代镇戎军城的修筑有数种说法，史籍只记载在古原州筑城。由于宋、西夏对峙，宋西北边地防线内缩，镇戎军城实际上成了宋代在西北的军事重镇，而且是以军事防御的面目出现的，始终充斥着战争的硝烟。

金代虽然统治固原的时间不长，但却是刻意经营城池的。金宣宗兴定三年发生的大地震，固原城虽遭到了破坏，但却能及时进行修筑。元代，是固原历史上较为特殊的朝代，政治中心迁往开城，古原州城废弃。固原古城的兴废，是与中原安危连在一起的。当中原政治开明，政权巩固时，固原城市建设便

图3

繁荣昌盛；当中原政局动荡，边地少数民族内徙，固原城就冷落萧条，甚至废弃。元代固原政权迁往开城并非因此，而是与成吉思汗、忽必烈驻军六盘山有关。开城安西王府是固原历史上空前绝后的宫殿式建筑。

明代，是固原建城史上最辉煌的一页。固原称谓的出现，就始于明代景泰三年（1452年）。缘何被称为固原？一说是唐代原州（固原）陷于吐蕃后，原州政权建制内迁，侨治于平凉、镇原，而固原地方就被后人称为"故原州"。明代时讳"故"改"固"，因名固原。二是因"北魏以此（固原）置原州，以其地险固因名"。固原之名从此沿袭至今。

明代的固原，是明朝政府在北方边境地带设置的九个军事重镇之一，也是陕西三边总督驻节之地，城防大为加强。同时，为适应火炮攻城技术，城防体系有了新的发展，固原城遂成为西北雄镇。明代固原城修筑，前后数次，形制规模都有新变化，由开始的修筑到最后的定型砖包，大致经历过三个阶段。明初，固原城仍是在旧城基础上的修缮。唐宋以来的原州城，经元代的废弃，遭到了一定程度的破坏，但当年雄姿依旧，景泰元年始得以修筑。中期，北元势力不断扰边，及成化三年攻克开城县后，明政府即迁开城县治于固原城；再加上成化四年固原满俊起义，明政府加强并提升了固原军事建制层级改固原守御千户所为固原卫。成化五年，兵备佥事杨勉整饬固原兵备，增筑固原城，并在旧城门（南镇夷、东安边）上建有楼铺。后期，大规模增筑固原城是明弘治十五年以后的事。这一年，三边总督秦纮筑外关城，周围二十里，设关门口，外为沟池，深阔各二丈，复开西门称威远门。与宋、金九里三分的城制相比，大一倍有余。与外关城相应，成化五年修筑的城即为内城。外城四道城门：南镇秦、北靖朔、东安边、西威远。秦纮筑就的外关城基本奠定了固原城最后的格局和形制,即有堞楼,又有壕堑,直到清代。巧在这一年设陕西三边总督,增兵添戍,固原城的政治与军事格局大为提高。

固原城最能体现其自身险峻与宏伟的历史时期,当在万历朝以后。明神宗万历三年(1575年),固原城扩建,分为内城和外城。这一年总督石茂华主阵以甃砖城。内城:周围九里三分,高三丈五尺,堞口一千零四十六座,炮台二十八座。外城:周围十三里七分,高三丈六尺,堞口一千五百七十三座;炮台三十一座。东城门三道,万历时建,冠名字者两道, 口安边门,一曰保宁门。南城门四道,也是万历时建,有名者一道,曰威远。北城门一道,万历时建,曰靖朔。这是固原城发展和演变二千多年后格局上的最后定型。固原博物馆复原的清代固原城模型,就是固原城的历史缩影。这座规模宏大的砖包城雄踞原州,享誉北方,成为明清以来西北地区的名城。

清代相袭,只是在明代基础上的修缮和加固。虽然没有再增筑,但从保护的角度看,还是有功绩的。清代同治以后,由于战乱和地震的破坏,固原城逐渐衰落。同治年间,由于社会、政治等多种原因所致,称为"靖朔"的北城门封闭。至此,一座集政治、军事、文化于一体的古城,伴随着中国封建社会的解体而在政治、军事上走向它的尽头。但作为一种文化现象的古城,它的存在意义并没有结束。它生命的根是很深的,它波及的影响也是很久远的,它是固原历史发展、文脉延续的象征和缩影。

作为一种文化现象的固原城,有它凭借的历史地理条件,有其坚韧而无法割断的历史空间,有其毁灭和消失的历史原因。进入民国,天灾人祸俱来。1920年冬的海原大地震,成为固原城的大灾难。叶超在其《民国固原县志》里曾描述过20

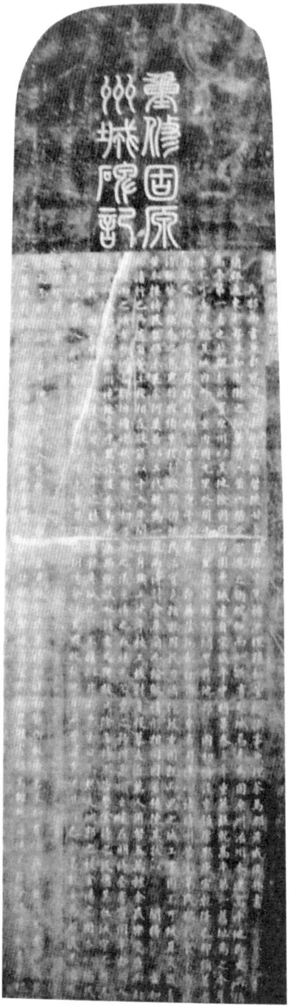

图4

世纪四十年代固原城的景象：城里砖垛全无，炮台亦毁，外城垛、炮台多圮坏；门楼、水关、水沟、城隍、马道、无复旧观；瓮城砖石剥落……这大约是地震后的萧条景象。虽然外表显得秋风落叶一般，但雄姿犹存。即使到了60年代初期，人们工余饭后，还可以登临漫步，高而望远，仍是人们吊古论今、感悟历史的地方。最悲的一幕，莫过于"文化大革命"时期。1971年，在人防工程建设中，全面拆除固原城墙。天灾不可测，人祸实可悲。而今，从古城的西北角残留的城墙遗址透视，仍可想见这里当年曾是一座历史悠久的文化古城。

现代城市建设迅速发展，笔直宽阔的大街，拔地而起的大楼，再造了固原新的景观。但作为固原悠久历史文化象征的古城的消失，谁人不为之惋惜、痛惜！

著名历史地理学家、中国古都学会会长史念海先生在接受《光明日报》记者采访时说："抗战时期，我在固原见到明代修的三道城墙，十分整齐，比山西平遥的城墙还要好；但到70年代初被拆光，只剩下三道城基的白圈圈……说到这里，满头银丝，年逾八旬的史念海先生不胜激动。"1998年，我顺道去西安拜望史先生，他开口谈的第一个问题就是固原古城的毁弃。他认为古城遗址的破坏，不仅是民族文化的重大损失，而且这种损失是无法挽回的。史念海先生在界定古都的内涵时曾说："我国除了安阳、西安、洛阳、南京、开封、杭州、北京这七大古都外，还有不少古代都城遗址：如夏、商、周都城遗址，南诏都城大理，蜀国及五代十国时的前、后蜀都城成都等。我们所说的古都，除了中原地区正统的封建王朝都城外，也应包括在历史上曾经割据一方的政权和少数民族地方政权的都城。"依着先生这个思路看，十六国时期的夏主赫连勃勃杀死没奕于后，吞并高平（固原），自称"大夏天王"，并建都于固原。这一历史现象也应该属地方性政权。在历史的长河中，赫连勃勃"大夏"政权虽然是昙花一现，但它如同夜空中的流星一样曾经闪烁过耀眼的光芒。如果从这个意义上审视，固原"城"的历史价值和文化价值是要另当别论的。

如果说固原城的消失是历史的悲剧，而依着固原城生发出来的文化建筑和多元文化现象，也是让目睹过的人们所不能忘怀的。其实，这些文化遗存早在固原城墙消失之前就已经离开了这个世界。在追溯固原城的历史文化时，从明清和民国年间人留下的文字里还能看到昔日的影子。

钟鼓楼，是明代固原城的一大景观，"西阁风高鼓角雄，南来形胜倚崆峒"，是雄踞在固原州城最具明代特征和文化氛围的建筑，耸立在总督府前。楼上悬有巨钟，为宋代靖康元年铸。同时，钟鼓楼也是明清以来人们登临感怀游览的地方。寺庙建筑，作为文化现象看，还是很兴盛的。明代前期的固原城内，已有上帝庙、城隍庙、三官庙等；中后期发展较快，坛、庙、阁、祠、宫、寺、庵、观等30多处，还有为发展儒学而兴建的尊经阁；园林观赏的去处南池子、乐溥堂等，也是亭台水榭、绿树成荫的游览佳境……这些建筑和景观不仅是一种文化现象，深层意义上再现了明代外来文人文化对固原历史文化的影响，由于驻节固原的明代陕西三边总督为部院大臣，先后有60余位坐镇固原，时间长，跨度大，这种特定的历史背景促成了新的人文景观的不断建设，为后人留下了凭吊的文化遗迹。一处景观，就是一个故事；一处遗迹，就是一段历史。

清代，这座内外两层、四边十门的固原古城，依旧雄伟壮观，延续着两千年来的余脉。州城南门外的安安桥上"廛市林立"，因遭兵燹而毁。安安桥便成了清代商业盛衰的历史见证。城内的秦晋会馆、四川会馆，也是外省商人聚会商谈的地方……这些昔日繁盛过的现象，都随着兵祸和天灾消失了，留给后人的是无尽的感慨。

固原地势险要，是历代兵家必争之地。由早期秦昭王在这里修筑长城以拒义渠戎始，秦汉时期设萧关，成为关中北面的门户；唐代设原州七关，其中陇山关、木峡关，成为当时全国六大上关之一；明代为加强和防御北部边境，在长城沿线设置九镇，固原为九镇之一，且为三边总督驻节地，指挥西北军事。可见，固原历代雄关固锁，军事重镇的作用体现无遗。

更为有趣的是，固原是历代帝王到宁夏来最多的地方。由于它在军事上"外阻河朔，内当陇口，襟带秦凉，拥卫京畿"巨大的凭借作用，担忧西北防御的历代统治者都不敢掉以轻心。秦始皇统一中国后的第二年（公元前220年），即北巡途经固原，并在泾源的鸡头道上建有"行宫"。此时固原虽未有政权建制，但固原险要的地势和军事防御能力已得到了重视，萧关的设置和行宫的修建，说明秦始皇对固原的重视，只是他的政治统治时间短暂，没有来得及对固原进行开发。汉武帝析置安定郡于固原之后，曾先后6次亲往固原巡行视察。公元32年，西北的隗嚣割据称王，东汉光武帝刘秀率大军亲征，长途直达固原"高平第一城"，以示扫平割据。在固原，刘秀置酒大会群臣，共商讨平天水隗嚣之方略，后载胜而归。

到了十六国时期，赫连勃勃雄心大展，扫除周围割据，建都固原，自称"大夏天王"，在固原演绎了一场短暂的帝王梦后，即迁都陕北统万城。

宇文泰是北魏的实际掌权者，也是西魏政权的创造者；往前再推，就是北周的先祖，被北周追尊为文帝。他是没有名分的实际上帝王。就是这样一位能仕善战的历史人物，当年为讨平割据者侯莫陈悦，率兵从都城洛阳进军原州（固原）。从此，宇文泰看准了原州这块地方，在挥师大破敌军的同时，非常注意经营原州。宇文泰关陇统治集团的形成，原州是一个坚实的大后方和根据地，他的发迹和事业的开创都是以原州为中枢来完成的。宇文泰之子宇文邕，小时候就同其弟宇文宽一起被寄养在原州刺史李贤家中，且长达6年之久。其间，宇文泰数次亲往原州，一面尽父子之情，一面游览怀旧，与李贤共诉衷肠。宇文邕做了北周的皇帝（史称周武帝），仍经常来原州李贤家中看望，不分君臣而坐。这也是固原城的一段佳话。

而今，固原已发生了历史性的变化。只是这座古老的城池早已被天灾和人祸脱去了二千多年来穿在它身上的厚重的外衣，失去了历史积淀在它身上的令世人赞叹称绝的光环，固守故土的后人们失却了前人留下的无价之宝。"去者不可追，来者犹可谏"，古训是应该吸取的。而今，萧关古道上火车穿梭，高速公路穿境而过，航空连接四方，圆了古丝绸之路上的千年梦，给固原城带来了未曾有过的千载机遇。

朝那湫的前世今生

朝那湫，是黄土高原上的一大著名湖泊，典籍里清楚地记载："朝那湫祠在原州（固原）平高县东南二十里。"由于朝那湫所处特殊的地理位置，秦灭义渠戎国之后对这里对进行过特殊经营，加之朝那湫自身的神奇，使得战国时期的秦国格外看重这里。一是战国秦长城的修筑，在固原地界是内外两层；二是朝那县的设置，增加了地方政权的管理。秦始皇统一中国后，朝那湫的影响与地位再度提升，进入到国家祭祀层面，是秦皇汉武祭祀龙的所在，对后世影响很大，发展成为一种"湫神"信仰。汉唐时期，最富盛名的朝那湫在哪里，记载是清楚的。宋代《诅楚文》的发现，为学者们提供了十分珍贵的研究史料。

明代以后，平凉人赵时春关于"朝那湫"的数篇文章对后世影响很大，朝那湫被写进了地方志书，后人看到的朝那湫已不是秦汉、汉唐所独尊，对朝那湫之所在产生了歧义。20世纪70年代，在固原县古城公社古城大队（今彭阳县古城镇古城村）出土一尊西汉初年的铜鼎，鼎上有"朝那"等铭文，考古鉴定为"朝那鼎"，为西汉汉时期的量器。鼎上有铭文三段，其中一段为"第廿九五年朝那容二斗一升重十二四两。"此物出土，至少回应了三个问题：第一，是西汉早期朝那县标准计量容器；第二，古城镇是汉代朝那县治所在；第三，与古城镇相邻的朝那湫就是汉代的国家祭祀地。

朝那湫的位置在固原城东南，正当古丝绸之路东段北道要冲，在战国秦长城内里，茹河北岸，是一处神秘的所在。

秦汉典籍里的朝那湫

朝那湫从文字记载看，祭祀始于战国。战国末期，春楚两大强国对峙。秦国在军事进攻与外交连横动摇齐楚联盟的同时，还采用求助神灵以败楚国的方式，《诅楚文》就是这个背景下的产物。秦惠文王为使伐楚取得军事上的先机，刻文于石鼓，献于朝那湫，这就是后世著名的《诅楚文》。所求之神巫咸、大沈厥湫和亚驼，题目分别为湫渊、巫咸、亚驼，故宫博物院藏《诅楚文》(《古文苑》《金薤琳琅》本等)版本不同，题目称谓也有细微差别，《大沈厥湫文》也叫《久湫》。石鼓文在北宋时期被发现，共有三篇：分别是《告巫咸文》《告大沈厥湫文》《告亚驼文》，出土地点各不相同。《告巫咸文》发现于秦的古都雍(今陕西凤翔开元寺)，《告大沈厥湫文》(也叫大沈厥湫)"治平中，渭之耕者得之于朝那湫旁，熙宁元年，蔡挺帅平凉，乃徙置郡廨，后携以阳南京。"(《元拓诅楚文》第36页，紫禁城出版社2010年)发现于朝那湫水旁(固原东南)之土中，元人周伯琦(1298—1369)释读说："久湫者，古湫也，古字借用"《告亚驼文》出土地点不详，近年有学者研究发现于甘肃真宁(今正宁)要册湫。三篇《诅楚文》除个别文字有相异之处外，整体内容完全是相同的，皆数楚王之罪，昭告于神。《司马法》曰："将用师，乃告于皇天上帝、日月星辰，以祷于后土、四海神祇、山川冢社，乃造于先王。然后冢宰征师于诸侯曰：'某国为不道，征之'。"师祭时呼告的神不只一个，而是遍告皇天、后土、山川诸神，涉及天神、地神、水神。大沈久湫为水神，因为秦人重水德。

戎与祀国之大事。诅祝之俗古代盛行，兴师征讨对方之前，必须由巫祝之人将对方的罪状以文字的形式告于神灵，使自己获得天助，敌人遭到天谴。山川祭祀是中国古代王朝国家祭祀体系，秦始皇整合秦国与东方六国诸多山川名胜，构建了一套全新的国家祭祀格局，朝那湫进入到这个王朝祭祀体系之中。秦始皇统一全国后，"令祠官所常奉天地名山大川鬼神可得而序"，其中定"湫渊，祠朝那"，"亦春秋伴涸祷塞，如东方名山川；而牲牛犊牢具圭币各异"，奠定了朝那湫祭祀的层级，明确将朝那湫作为国家祭祀的对象，成为与黄河、长江、汉水并列的国家水神祭祀之列。缘此，《史记·封禅书》载："自华山以西，名山七，名川四……水，曰河，祠临晋；沔，祠汉中；湫渊，祠朝那；江水，祠蜀"。裴骃《集解》"苏林曰：'湫渊在安定朝那县，方圆四十里，停不流，冬夏不增减，不生草木'。"司马贞《索隐》，湫渊"即龙之所处也。"《汉书·地理志》载：安定郡朝那有湫渊祠。《括地志》云："朝那湫祠在原州平高县东南二十里……朝那古城在原州百泉县西七十里，汉朝那县也。"（《括地志辑校·原州》第44—45页，中华书局2005年）典籍里记载的朝那湫及其方位是清楚的。

国家层面上的祭祀

依自然地理看，六盘山下的古朝那湫池，是先秦汉唐时期黄土高原上的著名湖泊。这是研究自然地理和历史地理的学者所公认的。从宗教文化的意义看，朝那湫是先秦汉唐时期西北地区重要的国家祭祀地。

先秦时期，地处黄河中游的固原，气候湿润，泉水众多，地表水和地下水都很丰富。朝那湫所在周围在生态环境良好，朝那湫边缘设置较早的朝那县，其称谓就因朝那湫之名而来。司马迁跟随汉武帝数次亲往固原并登上六盘山。他在《史记·封禅书》里已写到："湫渊祠朝那。"朝那湫进入国家祭祀序列，有多重原因。

首先，朝那湫是秦先祖祭祀地。秦昭襄王三十五年（前272），秦灭义渠戎国，义渠期戎国的地域纳入秦国版图。《诅楚文》的面世，就是秦昭襄王出兵攻楚之前在朝那湫进行的宗教活动，这里是秦人旧有的势力范围。公元前221年，秦始皇统一全国，虽然时光过去了大半个世纪，但祖先统一全国过程中的祭祀圣地，秦始皇是要传承的。秦统一后，秦始皇"巡陇西、北地，出鸡头山，过回中焉"。他在炫耀武功的同时，就是追念先祖之足迹，祭祀朝那湫，以告慰祖先。当年的"诅楚"与后来秦始皇的大一统，都体现着国家意志，"是中央权力在试图对自然地理施加影响……也有宗教上的神圣性……是当时国家政治地理格局的一种反映"。

自秦始皇以来，历代帝王每遇新帝大典或其他军国大事，都要或亲自巡狩和祭祀山川，或遣特使专程往山川告祀。汉武帝数度巡狩固原期间，曾祭祀过朝那湫。《史记·封禅书》里，司马迁追述了秦时祠祀制度："自华以西，名山七，名川四。"界定的是华山以西的名山大川，其中四处"名川"之一，就有"湫渊，祠朝那。"说明在秦代，朝那湫就是国家法定的祭祀之地。

其次，朝那湫的神奇异样。苏林注解说："湫渊在安定朝那县，方四十里，停不流，冬夏不增减，不生草木。"从朝那湫生成环境看，本身就蕴藏着格外的神奇。封禅，是历代帝王祭祀山川的礼拜活动。作为汉武帝随身的太史令司马迁，有感于朝那湫的壮阔和神奇，有感于汉武帝在朝那湫的祭祀活动，将"朝那湫"祭祀写入《史记》，而且具体归在"封禅书"里，宗教文化色彩体现无遗。古代祭祀山川，就是因为一些山川有特殊的"灵异"之处。"朝那湫"的"灵异"处，就在于它是黄土高原上的湖泊，而且湖水常年不增不减，水中不生草木，所以古人才视其为"神异"，并置祠祭祀。秦汉时期的"朝那湫"，就归"山川之神"祭祀之列。

第三，"朝那"称谓传承着秦人的图腾文化。所谓图腾，是指原始时代的先民把某种动物或者植物当作自己的亲属、祖先或保护神，相信他们有一种超自然力，能保护自己，是一种被人格化的崇拜对象。"朝那"一词，是古羌人语言的音译，指黑龙。羌族，是中国西部古老的民族，奉龙为灵物，以龙为图腾。生活在四川北部一带羌族，仍保留着原始宗教，盛行万物有灵崇拜。作为羌人之后，秦人传承了对龙的崇拜这从宗教文化的深层，可以看到秦人民族精神的崇拜。"昔秦文公出猎，获黑龙，此其水德之瑞。"，司马迁在他的《史记》里也记载了秦文公"获黑龙"的事，直接应证了秦人的文化图腾。

第四，秦人尚水德。《诅楚文》所刻三石，如果把所告之神归纳一下，可以分为三类，即天神、地神、水神，谓之上之天、埋之地、沉之水的"三官手书"。《诅楚文》应是秦人伐楚时，分告天、地、水三神，"以底楚王熊相之多罪"的诅文。"大沈厥湫"，就是秦巫所崇拜的水神。"大沈久湫，就是秦巫所崇拜的水神。从《大沉久湫文》出土于朝那湫旁，应证了朝那湫之为水神，也应证了秦人尚水德的风俗。

《史记·秦始皇本纪》载："始皇推终始五德之传，以为周得火德，秦代周得，从所不胜。方今水德之始，改年始，朝贺皆自十月朔。衣服旄旌节旗皆上黑……更名河曰德水，以为水德之始。"秦更名河曰德水，朝那湫为六盘山下、泾水流域最具神异功能的灵湫，与秦人德水的水文化观是一致的。"秦人传统神秘主义观念体系中，对'水'的特殊信仰，很早就有重要的地位"。

缘于以上原因，朝那湫才成为国家层面上祭祀圣地。其影响力不仅在宗教，也影响到文学创作。敦煌汉简里有一首《风雨诗》，属汉乐府类。其中有一句"天门俠小路彭池"，研究者校释的过程，由"彭池"联想到"湫池"，再到"湫渊"，但没有延伸到湫渊就是朝那湫。如果当代人写当代事，朝那湫是国家祭祀地，"彭池"也好，"湫渊"也罢，影响诗人的应该是朝那湫渊。此说若能成立，实际上也是当时湫渊祭祀地对文人的影响所在。

汉唐朝那湫祭祀变迁

汉承秦制，在国家祭祀方面的礼制得到了传承，祠朝那湫仍载入祭典。汉文帝时下诏增加朝那湫的祭器，"玉加各二……圭币俎豆以差加之"，祭器与礼器均予以增加，同时，"及诸祀皆广坛场"，不但提升了祭祀规格，而且祭祀场所也得到了修缮和扩展。《汉书·地理志下》载："……朝那，有湫渊祠。"郊祀与地理记载，旨在说明西汉时期朝那湫仍是国家祭祀地。

汉代朝那湫祭祀，在体现国家层面上的祭祀地的同时，实际上它的指向已经潜在地发生变化——融入民间祭祀。《汉书·郊祀志》师古曰："此水今在泾州界，清澈可爱，不容秽浊或喧污，辄兴云雨。土俗亢旱，每于此求之。相传云龙之所居也。而天下山川隈曲，亦往往有之。"说明汉代的朝那湫不仅是国家祭祀之地，也因其灵异之处已成为西北干旱地区人民祷雨、祈雨的神圣之地。

汉代固原不但有古代"巫术"，而且盛行"胡巫"，文化融合的因子更为多元。古代中国，人们对日月星辰、河海山岳等自然存在非常崇拜，视之为神灵，并祭祀和祈祷，由此逐渐形成了一个天神、地祇神灵系统。"朝那湫"，就是古人"水"崇拜的典型。道教承袭了这种鬼神思想，巫术自然被道教所吸收和继承。六盘山历来被喻为"秦陇锁钥",秦汉时期关中四关之一的北面著名的"萧关",就是以南北横亘的六盘山为屏障而雄踞北方的。在古人看来,雄伟而神秘的大山,由于所处的地理位置不同,常常与天道和神灵联系在一起。山在人们的心目中是有意志的诸神的化身。这种原始宗教,不仅反映在民间,帝王们尤其推崇。"秦国自秦灵公开始,由封禅精神的演变,形成建立神祠的风气,就成为后世道教崇拜多神的滥觞。"这实际上是秦始皇祭山祀水的源渊。秦始皇祭祀朝那湫神,同样影响了汉武帝。跟随汉武帝巡祭名山大川的太史公司马迁在他的《史记·封禅书》中最后作的结论与赞辞中说:"余从巡祭天地诸神,名山川而封禅焉。""祭天地诸神"的祭祀对象较秦时更为系统化,而且伴随着"封禅"活动。

历史上的固原,是关中北出塞外的军事要塞,其屏障就是穿越清水河谷地的"萧关"。这里是"丝绸之路"东道北段必经之地,也是北方少数民族南下入关的通道;更是北方草原游牧文化、西域文化与中原文化相融会地带,秦汉时期北方少数民族"胡巫"亦进入固原。《汉书·地理志下》载:"朝那,有端句祠十五所,胡巫祝。又有湫渊祠。"汉武帝元鼎三年(公元前114年),汉武帝析置安定郡时,固原境内的朝那县就已经有北方少数民族胡巫的活动。"在男曰觋,在女曰巫,使制神之处位,为之牲器。"(《汉书·郊祀志》)十五所神祠集中在一起,规模相当大,而且是由少数民族"巫者"主持祠事。"胡巫祝"主持的这十五处祭祀的地方,"其形势,是一处带有秦文化风格的祭祀圣地,面对十五处'胡巫祝'主持的祀所。这一事实告诉我们的文化地理信息,可以帮助我们进行民族地理的分析,也可以帮助我们进行宗教地理分析"。民间宗教活动与少数民族胡巫融入其中。

尚巫之风,流行于两汉时期,朝野、官府与民间皆成时尚风气。朝廷还有巫官体系,王侯将相豢养巫师,民间普遍信仰巫师活动。即使宁夏北部募民屯田之地,也有巫师的地位。当时的文化人晁错在提出募民以实边的实施方案中,也都要考虑与"巫"相依存的人事,提出"为置医巫,以救疾病,以修祭祀,男女有昏,生死相恤,坟墓相从,种树畜长,室屋完安,此所以使民安乐其处而有长居之心也。"官员承认巫师的社会角色。当然,这里说的是"医巫",而不是"胡巫",但毕竟是"巫风"。由此看来,汉代宁夏北部的屯垦区也是流行"巫风"的。

魏晋南北朝时期,战乱、割据与纷争并举,国家意义上的祭祀活动在客观上受到限制。从地域视角看,宁夏又是多民族、多元文化碰撞融合的边地空间,游牧民族不时南下进入安定郡。他们不看重农业,传统水文化对于他们影响有限,祈雨祭祀之类的民间农事活动更少,朝那湫的祭祀活动逐渐冷清。唐代为盛世,朝那湫祭祀再度复兴。唐代国家行为的祈雨祭祀大多以祭祀山川神为主,这些神灵不仅是国家常祀对象,在民间也有着重要的位置。《元和郡县图志》卷三记载,"湫泉祠朝那"。改"湫渊"为"湫泉",是为避唐高祖李渊之讳,说明唐代对朝那湫渊祭祀活动十分重视,仍是国家层面上的祭祀地。苏林云:"旱时即祠之,以壶沺水,置之于所在,则雨。雨不止,反水于泉,俗以为恒。"这种祈雨的形式,实际上已经延伸到民间,成为民间祭祀的对象。朝那湫水神祭祀世俗化以后成为传奇小说的内容,由《灵应传》到《柳毅传书》,演绎生成了与文化龙相关的完整的宗教文化故事。

唐代,祭龙湫是重要的的祭祀形式之一。"湫者,龙之窟也……水存之龙在,水竭则龙亡。"宋代,对龙湫祭祀依旧重视。"镇戎军有朝那湫,即秦汉时湫渊祠也。是岁四月赐庙名灵泽。"赐名"灵泽"，说明宋代朝那湫仍得到高层的重视。欧阳修写了《祀朝那湫文》(《集古录》卷一)，苏轼写了《秦祀巫咸神文》(一作"秦誓文")，还写有《诅楚文诗》。宋人董逌《广川书跋》里记载了《诅楚文》的出土过程："秦诅楚文世有三石，初得《大沈湫文》于泾，又得《巫咸文》于渭，最后得《亚驼文》于洛。"可见朝那湫对宋代学者的影响力也很大。尤其是宋神宗时(一说是宋英宗时)，在朝那湫旁发现了埋藏于地下一千多年的《大沈厥湫文》(《诅楚文》)，后人知道了朝那湫的过去，产生的影响力更大，使得朝那湫的祭祀活动再度复兴。但毕竟时过境迁，朝那湫祭祀除不同层级的地方官府之外，主要是民间祭祀了。

朝那湫与元明时期宗教

　　元代人对秦汉以来祭祀地朝那湫十分尊崇。据李诚撰写的《嘉靖固原州志·重修朝那湫龙神庙》记载，元代的"朝那湫祠"称为"龙神庙"汉时的祭祀神"巫咸"已改为"盖国大王"汉唐时的碑志仍存。金代末年，兵尘荡起，朝那祠已无人看守。元大德丙午年(1306年)的固原大地震，"陵谷变迁，殿宇湮灭"(《嘉靖固原州志·重修朝那湫龙神庙记》第87页，宁夏人民出版社1985年)，彻底毁坏了朝那湫祠的殿宇，覆没邻近金壁辉煌的安西王府建筑，战争与自然灾害摧毁了这处千年的祭祀圣地。直到公元1314年，当地尊崇道教的人因"神降焉"为由，在朝那湫祠旧址上重建殿宇，再绘神像。当地人或周边州、县都来此祈雨，十分灵验。1335年，固原是个大旱年，数月天不下雨，庄稼枯死。固原知州朵儿只按照宗教礼仪先行斋戒，之后躬率僚吏奉币前往朝那湫祠祈祷。返回未及州府而澎雨大作，三日才停，四方百姓欢呼。因祈雨灵验，数日后知州朵儿只再率僚吏往朝那湫祠谢雨。

　　学政李诚在《重修朝那湫龙神庙》里还写了一个宗教文化色彩极浓的故事：有一刘姓妇女曾捧着白锡匣告诉李诚说：她与丈夫共修朝那湫盖国大王庙数年而成。她曾与丈夫拜祀于朝那湫水的边上，当时发现水涌浪开，漂浮过来这个匣子，丈夫拜后打开，见匣内有头发二缕，还有金、银首饰等物。此外还有文字：崇宁三年三川县妇人张梨香，因家人及夫早逝，建新庙于此，捐此匣投湫以示祈祷。刘妇人说了此匣的来历。第二年，刘夫人之夫病，临终托言于妻："予共汝立祠事神十余载，天不假我以寿，汝肯继吾志守庙立碣以纪其事乎？"刘夫人立志要完成其夫的遗愿。

　　崇宁三年，即宋朝崇宁年号，时在公元1104年。三川县，是金朝统治固原时设置的县制，时在公元1183年前后，时间和年号是矛盾的。其实，这一则宗教色彩极浓的故事，说明朝那湫的影响力和民间化的变迁。

　　明代人撰写的《嘉靖固原州志》里说：朝那湫，是春秋时秦国人"诅楚之文，投是湫也"的地方。战国时期，秦惠文王派说客张仪准备阴谋进攻楚国，为使这次攻伐成功，秦王曾献文于朝那湫神，即先行前往朝那湫焚烧祭文，以示祭祀。献文的大义是说："敢昭告于巫咸大神，以底楚王熊相之多罪。"看来朝那湫之神为"巫咸"。明代人赵时春说："巫咸，相传为朝那县令。"史书对于"巫咸"的记载有数种说法：黄帝时的神巫，帝尧时的人，殷商时的神巫，屈原《离骚》里就有"巫咸将夕降兮，怀椒糈而要之。"看来"巫咸"是古代南北方普遍尊崇的神灵。如果说巫咸是朝那县令的化身，还将"巫咸"神灵附着为朝那湫大神，朝那湫原本应该是在朝那县境内，传说再现了朝那湫祭祀文化的影响力。

祭祀文化的变迁

朝那湫祭祀,自秦昭襄王投《诅楚文》起已过去了两千多年。这期间由国家祭祀到官府祭祀、民间祭祀祈雨,经历了一个变迁过程。兴盛时期,国家典籍里有明确记载,文人笔下有清晰地描述;地方志书里也记载了地方官员的祭祀,包括民间祭祀的传承,演绎传承的故事等。祭祀文化的变迁过程,有着自然的、政治的、宗教的等多重原因。

一是朝那湫环境的自然变化。先秦汉唐时期,朝那湫所在的自然环境,气候温暖湿润,森林覆盖,植被丰茂,清水河、茹河、泾河等河流的水量充沛,一派郁郁葱葱之景象,朝那湫如同众星捧月。唐代,尤其是明代以后,战乱频繁,屯垦加居,再加上气候变化,这个秦汉时"方圆四十里,停不流,冬夏不增减,不生草木"的湫渊不断受到影响。但绝对不是从此干涸,唐《元和郡县图志》记载,"今周回七里,盖近代减耗"。到了明代,已是"广五里,阔一里"的水面,地表水下降,湖水面积锐减。口述见证,"建水库前有大股的泉水泛出,清辙干淳,这或许就是史籍里记载的'泉流有声'"。1968年修建东海子水库,说明仍有自在水源。现库区水域面积南北宽约0.75公里,东西长约1.5公里,积水面积1 600余亩,遇丰水年地表水和泉水汇集库水增多。

二是地缘政治的影响。秦朝、汉唐政治中心在关中,朝那湫所在正当战国秦长城以内,关中四关之一的萧关,是关中西出北上的著名关隘,也是京畿之地北面的门户,地缘政治发挥着重要作用。唐代以后,政治中心东迁,尤其是明代以后，这里成为蒙古兵锋南下的前哨，国家祭祀地逐渐失去了地缘优势。

三是地震灾害的影响。元朝大德十年（1306年）的大地震，研究者认定为6又二分之一级。但根据震后灾情看，似乎要超过7级。《元史·成宗纪》载："……陕西行省开城路地震，王宫及官民庐舍皆坏，压死故秦王妃也里完等五千余人，""官民庐舍皆坏"，仅王宫死"五千余人"，地震灾害损失很大。影响更为深远的是地震造成地壳错位，封闭了原有水源。1920年海原大地震，地壳错位出现的西吉震湖，即可应证1306年开成大地震。

四是由官府祭祀到民间祈祷。明代以后，朝那湫官府祭祀与民间祭祀并行，民间佛道祭祀文化成为主流，主要是祭祀龙神祈雨。明人赵时春有关朝那湫文章传世后，朝那湫称谓泛化，多地出现湫渊地名，多地祭祀。以六盘山东西看，如甘肃宁县湫渊祭祀，华亭县湫渊祭祀，庄浪县湫渊祭祀，隆德县湫神祭祀等。韦伯说：中国"一般民间宗教信仰，原则上仍停留在巫术性与英雄主义的一种毫无系统性的多元崇拜上。"民间宗教祭祀活动，融佛道教于一体，龙神信仰成为民俗文化崇拜的根源。

丝绸之路上的宁夏山川

六盘山在南边，耸立在黄土高原上；贺兰山在北边，护卫遮蔽着烟岚雾霭的宁夏平原，黄河穿宁夏平原而过。泾水南衔渭河，清水河北达黄河，大山与黄河构成了宁夏的地理格局，也成为历代中原西出北上的重要通道。这就是宁夏。

3万年前水洞沟文明伊始，先民们就生息繁衍在这块富饶的土地上。此后的岁月，中原政权不断在这里屯田开发，北方少数民族不时南下在这里牧放，这里成为历史大舞台。宁夏的历史画卷，就是在这个舞台上绘就的。

神奇的自然之美

宁夏境内有高耸的六盘山、贺兰山，有雄厚的黄土高原、荒漠化的鄂尔多斯台地，又有"天下黄河富宁夏"的宁夏平原等。中北部西、北、东三面，分别由腾格里沙漠、乌兰布和沙漠和毛乌素沙地相环绕。从自然地理与景观层面上看，包含了类型多样的地貌特征，高山、平原、黄土高原、台地、湿地、沙漠、丹霞地貌等皆具，汇集了我国南北主要的地貌特点，是中国地理"微缩盆景"的集中体现；再加上宁夏平原的"塞上江南"景观，宁夏的人文景观更为丰富，自然景观更加秀美。

钟灵毓秀的六盘山。六盘山，古称陇山，南北跨越宁夏、甘肃、陕西三省区，它既是一个地理概念，也是一个文化符号。这座绵延近千里的大山，是古代关中的西北屏障。古陇山东西，原本就是中华文明的发祥地。古人崇拜山岳，即看重军事，又追随信仰。人文始祖黄帝登临过六盘山，但已说不清他是崇拜山岳，还是出于军事目的。千古一帝秦始皇，他建立秦国的第二年，就穿越六盘山巡视边地，给北边的匈奴民族炫耀军威。同时，秦始皇还要祭祀六盘山下的高原湖泊朝那湫。

六盘山下的朝那湫，是秦汉、汉唐时期国家祭祀地。

朝那湫，是个神奇的地方，战国时期的秦国，为打败楚国，就在朝那湫祭祀，是"诅楚文"的地方，对后世影响很大，在秦汉时有"关西神泉"之称。秦始皇祭祀朝那湫，是他巡视边地的主要任务之一。汉武帝也步秦始皇之后尘，数次祭祀朝那湫。两千年前的大文学家、史学家司马迁跟随汉武帝穿越六盘山，感悟过六盘山的雄壮；祭祀朝那湫，感受黄土高原上自然天成的神奇。几千年过去了，朝那湫的方位在学术界依旧是个有争议的地方。固原市彭阳县人大主任杨忠先生，是一位热心于地方历史文化的官员文化人，他对朝那湫的遗址有过多次实地勘察。五六年前的初秋，他邀请我，我有了一次朝那湫之行。

车过彭阳县的古城镇不远，就拐进一个山岔，路边的牌子上写着"海口"两个字。在西北地区，能见到与"海"相关联的字样，感觉"水"就在不远的地方。其实，"海口"就是朝那湫水流出河道，朝那湫空间太大，以"海水"概述而已。车沿海口的沟道绕来绕去，穿梭而进，河床边斜着一棵直径1米左右的类似于化石的松柏，杨先生说：这是早期这一带多树木、植被良好的物证。彭阳县城生态园里耸立的古柏，就是由这里运回去的，说明这里数千年前是森林覆盖的地方。再往前到了两山相接的地方，是山沟的尽头，爬上高地，就到了"海子"——朝那湫。海子的东边是一处文化层积淀很厚的台地，秦砖汉瓦叠压，年代久远的文化气息扑面而来。同行的彭阳县文物管理所的杨宁国所长说，他在这里捡回去不少琉璃瓦和许多有研究价值的早期文物。厚重的文化积淀层，真是会让你感觉到秦皇汉武来这里祭祀的经历。走过这片台地，扑面而来的就是被四面大山包围着的朝那古湫，湛蓝的湫水波光粼粼，映衬着四面山峦。身临其境，面对如此景观，你就会觉得这里的确神奇。

我们一行再沿着湫渊的北边水畔，一直走到湫渊的西头。现在的朝那湫，水面比过去小多了。1306年的开城大地震，由于地壳运动，水源封闭，明清之后水域面积缩小。杨先生说：现在海子水面周围约5里，但湫渊的整体空间很大，与史书记载一致；四面山峦的景致和神秘的感觉与古人笔下的一样，的确是一处与中国祭祀文化密切相连的地方。典籍里记载的周边近40里、不减不溢的朝那湫，此时会真正幻化在你的面前。

我们离开朝那湫继续往西北方向走，正好是三十里铺这个地方。我想，在古人的眼里，固原的历史，固原的地理位置或许与朝那湫的灵异有关。西南的西海子，东南的东海子，如同神灵精气护卫着固原这个历史悠久的城池。地理意义上的布局对地方历史文化的生成非常重要。

图5

时隔不到一年，杨先生又在朝那湫遗址上捡到了一块残碑，"那之湫"的宋代瘦金体赫然呈现在碑文上。读之，触摸之，言之凿凿了。实际上，汉代人班彪前往安定郡（固原）时，沿丝绸之路从朝那湫渊的边上穿过；或许他也慕名拜谒过湫渊。

六盘山下的古萧关，也是要尽心抒写的。因为它依托着六盘山，拱卫着汉唐政治中枢长安，控扼着关中西出北上的要塞，也是进入宁夏的南大门。司马迁在他的《史记》里写得很清楚：东函谷、南武关、西散关、北萧关。

萧关，是个影响很深远的军事要隘。战国后期，萧关纳入秦国地盘，秦惠文王北出沿清水河谷到达黄河边上考察，萧关道自然是坦途。到了汉初，北方匈奴人经常南下，萧关的军事防御就显得非常重要。汉文帝十四年，匈奴14万铁骑与萧关守军大战，北地郡最高军事武官孙卬战死，匈奴大军直攻入关中，长安震惊。直到武帝拓疆御边，在宁夏南部固原设立州郡级政权——安定郡之后，萧关的军事防御作用才逐渐淡出。

萧关的军事作用随着时光的推移逐渐淡出，但丝绸之路的畅通与辉煌，萧关仍在发挥着重要作用。发源于六盘山的泾水，经萧关古道而南下；发源于六盘山的清水河北上，两条河流与古萧关一起承载着丝绸之路，由此衍生出了萧关道，数千年而不衰。20世纪末修建的宝中铁路，仍是萧关古道的原型，依旧是交通大动脉。

萧关连同它的名字远去了，但由于在历史上的影响太大，后人们在研究西北历史地理时怎么也绕不开它，可相对准确的关址在哪里？说法不一。2000年，中央电视台"走进关中摄制组"到了固原，也在寻访古萧关。偶尔相遇，萍水相逢，共同的话题是萧关。其实，仅固原境内的萧关就有近10处，再加上甘肃镇原、环县就更多。我陪着摄制组的先生、女士们风风火火跑了几天，我也能有机会实地考察并反复思考这些问题。依据史料，再加上实地考察和过去的研究，我认为古萧关应在六盘山下的瓦亭峡谷至三关口一线。当我带摄制组到达这里后，他们脱口而出：这里就是萧关。雄关固隘的地形地貌就让他们心服了。

走进六盘山，是一个永远的话题。

秦皇汉武之后，成吉思汗和他的后人忽必烈、忙哥剌等走进六盘山。1227年，在攻灭西夏的前夜，成吉思汗避暑于六

图6

盘山腹地凉殿峡，斡耳朵（行宫）设在固原城南的开城。30年前，成吉思汗的后人、民族出版社的巴特尔先生考察凉殿峡之后，说这地方就是当年成吉思汗避暑的行宫，再加上近些年地方历史文化研究的推进，人们开始不断关注这个地方。2007年在固原召开的成吉思汗病逝六盘山780周年国际学术研讨会期间，凉殿峡汇集了国内外研究元史的学者，看到了草坪台地上留下的当年的石槽、插旗子的石墩等遗物,与会者都很激动。盛夏的凉爽,给大家带来了难得的心绪。在那种特定的氛围中,不少学者都默认了成吉思汗病逝于六盘山的历史经历。我想,对于六盘山,这自然是一笔厚重的历史文化遗产。

成吉思汗走了,他的继承者来了……宪宗蒙哥、忽必烈,六盘山一时成了蒙元统治者的大本营。元朝建立者忽必烈,在收复云南大理的过程中数次驻跸六盘山,好多政务都在六盘山行宫处理。他的儿子忙哥剌受封安西王后,在开城建立安西王府,地位至尊,权力空前,掌握着统一南宋的军政大权,在中国历史上都是空前的现象。1368年一场大地震,将王府夷为平地。现在,安西王留下的王府遗址,大量的文物惊现于世,仍在向后人诉说着当年的辉煌。全国各地,包括国外研究者,都到这里考察。

清代的林则徐、谭嗣同等,也都是六盘山的过客。距离我们最近的大事件,就是80年前毛泽东率中央红军长征翻越六盘山的壮举。缘此,六盘山的名字响遍全球,传诵千古的《清平乐·六盘山》词影响深广,但它最初名《长征谣》:

天高云淡,望断南飞雁,不到长城非好汉!同志们,屈指行程二万!同志们,屈指行程二万!六盘山呀山高峰,赤旗漫卷西风。今日得着长缨,同志们,何时缚住苍龙?同志们,何时缚住苍龙?

这是一首别具一格的自由体诗,通俗易懂,融口语与书面语于一炉,通过比兴重复、呼唤等手法,以获得独有的象征艺术,展示了金戈铁马、风雷激荡的雄姿,犹如进军的号角,歌颂了红军"不到长城非好汉"的革命英雄主义和革命乐观主义精神。曾在抗日根据地和八路军、新四军中广为流传,极大地鼓舞了抗日军民的斗志。过去有一种说法:《长征谣》1942年

8月1日在《淮海报》副刊面世，6年之后的1948年8月1日又在上海《解放日报》发表。当时，毛泽东对《长征谣》做了较大改动，题名由原《长征谣》改为《清平乐·六盘山》，内容亦由原自由体改为规范的"词"。到了1957年《诗刊》创刊时，《清平乐·六盘山》词再度发表，并将原"红旗"二字改为"旄头"。1961年应宁夏人民之请书写时，毛泽东又将"旄头"改为"红旗"。根据近来新发现的史料看，又不完全是这样。

《中国文物报》2003年12月24日"收藏鉴赏"周刊发表何云华先生的题为《〈长城集〉与〈六盘山〉》的文章，详尽介绍了与毛泽东《六盘山》词相关的一些历史背景：1938年11月，著名爱国人士李公朴夫妇到达延安，这期间李公朴请毛泽东主席为他的书画集——《丁丑书画集》题字。书画集的首页是夫人张曼筠绘制的国画"长城"，毛主席欣然为这幅画题写了1935年所作的《清平乐·六盘山》词，落款处写："小册有长城图，率书旧作一首以应公朴先生之嘱"。这里书写的"旧作"，就是现在我们看到的《六盘山》词：

天高云淡，望断南飞雁，不到长城非好汉！屈指行程二万。六盘山上高峰，旄头漫卷西风。今日长缨在手,何时缚住苍龙?

毛泽东当时题写在《长城集》上的这首词，没有《清平乐·六盘山》词牌，其余文字与后来的一样。可见，最初写成的《长征谣》，是在较短时间内修改定稿的。1957年《诗刊》创刊时发表的《清平乐·六盘山》词，将原"红旗"二字改为"旄头"的说法，与毛泽东早在1938年题写这首词时已有的"旄头"就有了矛盾。由《长征谣》到《六盘山》词的演化过程，是一个完整的故事，融会了这一段历史和文化变迁。将《六盘山》词放在中国历史文化的长河中，也是绝不逊色的文化史佳话。

2006年9月，是红军长征70周年纪念，银川晚报社组织志愿者重走长征路，我作为顾问又参加了这次特殊活动。第一站就是翻越六盘山，秋天的六盘山是多雨的季节。我们到达山下，已是云雾涌动，山雨欲来的样子。按重走长征路的要求，队员们徒步登山。及半山腰，山体被云雾缭绕，俯视皆山雾云海，我们始终伴随着纷飞的细雨珠前行。云海雾雨中登六盘山还是第一回，在已舍弃的原六盘山的老路上行走，没有车辆，不见行人，空旷的世界里，更觉得奇妙深邃。当年毛泽东中央率红军翻越六盘的10月，还是天高云淡，大雁南飞的景象。雨中登山，同样会感受到红军长征的精神力量，自然就要想到70年前红军登上六盘山的情景，毛泽东登上六盘山时寄景抒情的神态。

登上六盘山顶，红军长征纪念馆是要去的。在这里，讲解员给我们做了详尽的讲解。其实，走进六盘山红军长征纪念馆，当看到《清平乐·六盘山》词时，就想起了这段故事。

雄浑高峻的贺兰山

贺兰山，是宁夏北部的重要山脉，南北绵延200多公里，最高峰3 556米的地方，名叫"沙锅洲"，正对着贺兰山口。贺兰山护卫着宁夏平原的农业文明，贺兰山也是丝绸之路东段北道——灵州凉州道的重要通道。它既可与河西走廊上的重镇武威相接，也可穿越内蒙古阿拉善高原进入新疆。几年前去看贺兰山岩画，管理处的贺主任带我们游走，在一个地方停下来，他给我们指着遥远的贺兰山那个最高的地方说，远远看到的那个山台叫"沙锅洲"，可能是古代游牧民族祭祀的地方。

顺着他的思路,我感觉还真像个沙锅的样子。为什么叫这个名字,大家都疏忽了,贺先生也没有往下讲。其实,是顶部山石凹陷像沙锅形,便有了这个名字。

贺兰山西坡平缓,是漫漫黄沙的作用,如同六盘山西坡平缓,是由于黄土的作用一样。东坡陡峭却俯视着烟岚雾霭的银川平原,晴空万里时,贺兰山犹如一道蔚蓝色的屏风,横亘在银川平原的尽头。在军事意义上,古人称其为"朔方之保障,沙漠之咽喉",这是历史演绎出来的名字,是非常贴切的。宁夏的长城是一大文化特点,从早期的战国秦长城,到明代大规模修筑的长城,在全国都是有名的,通常以"宁夏的长城博物馆"相称。贺兰山上的长城沿山而筑,更为壮观。无论是红果子沟长城,还是三关口长城,再现的是其无可替代的军事作用。到三关口这地方,你会觉得真是屏障之地,古人从防御的角度修筑长城,也是从军事实践中走出来的。三关口长城,保存相对完好,在修筑样式上,近乎等同于城墙:有宽阔的走道,外沿筑有高高的女儿墙,体现了关口防御的特点。

图7

自然地理意义上，贺兰山是季风气候与非季风气候的分界线，不但隔阻和减弱了来自西北方向的寒流，而且将腾格里沙漠的漫漫黄沙隔离在山巅之外，成为宁夏平原黄河灌溉的天然屏障。

贺兰山，在战国时叫卑（辟）耳山，汉代叫卑移山。到了隋代，就有贺兰山之名了。《隋书·赵仲卿传》记载，"开皇三年，突厥犯边，以行军总管从河间王弘出贺兰山……"。正史里写入贺兰山，说明在民间早就有贺兰山之名了，因为它有个约定俗成的过程。我想，贺兰山的得名可能与贺兰山岩画有关。贺兰山声名大振于后人，恐怕与千年前岳飞的《满江红》有关。一曲"驾长车，踏破贺兰山阙……"，震撼了多少国破家亡时期中华民族的同胞。其实，岳飞并没有率兵征伐过贺兰山一带，南宋的军队也无缘进入贺兰山，但后人怀念这位伟大的民族英雄，曾在贺兰山下的古城银川修建过岳飞庙，立过诗碑。

三百年前，康熙皇帝亲征噶尔丹到了宁夏府城后，命随行官员前往祭祀贺兰山。在康熙看来，除贺兰山是西北名山外，岳飞的名句"……驾长车，踏破贺兰山阙"，同样为康熙所推崇。康熙扫祭贺兰山，或许想用岳飞的精神鼓励士气，一举歼灭噶尔丹。而今，这碑依旧耸立在中山公园，是一种精神的象征。

追溯贺兰山的历史，同样有过辉煌的历史和久远的文化。但我深知，有两大块对于游人和研究者都是绕不开的：一是贺兰山岩画，一是西夏时期留在贺兰山的文化遗存。

贺兰山岩画，内容非常丰富，它承载的是历史早期北方少数民族生存和繁衍的经历。历史时期的贺兰山，曾是水草丰美，遍布森林植被的世界，是古代北方游牧民族诸如匈奴、鲜卑、突厥、党项、蒙古等民族生息繁衍的地方。开凿在贺兰山岩壁上的岩画，就是历史以来这些民族生存的远古记忆，是古代游牧民族遗留下来的一种刻凿在岩石上的艺术图像。它分布在绵延250公里的贺兰山东麓诸山口的山壁和山前的岩石上，整个刻凿过程和时间跨度长达数千年，大体起始于旧石器时代晚期，终止于西夏时期。贺兰山岩画真实生动地描绘了人类早期大量的动物、类人首、射猎、放牧、战争、舞蹈、劳动、交媾等场面，再现了远古时期贺兰山地区游牧民族的生存经历和人类早期习俗生活、原始观念和审美情趣。

我总觉得，贺兰山岩画是远古以来生存在这一地区的各个时期少数民族艺术家创造的。岩画的风格注重写实，细节突出，介于艺术与非艺术之间，线条高度简化、符号化和原形化。身临其境，这种感觉自然会扑面而来，应该说，它是当时人们社会生活状况的真实写照，是后人研究游牧民族社会和文化生活的活化石。在文字出现以前，岩画是一种重要的记事方式；先民们情感的表达与思想的交流都是通过岩画的形式传递给后人的。正是从这些意义上，贺兰山岩画为中国乃至世界提供了人类早期丰富的历史文化信息和美轮美奂的岩石画卷，具有重要的历史意义和研究价值。

考察贺兰山岩画，如同在审视已经远去的历史画卷。去贺兰山看岩画已好多回了，每一回都有新的收获，每一回都让我兴奋。总要追问这神秘的岩

图8

图9

图10

画出自谁人之手,人面像到底意味着什么,到底要表达古人的
什么心思……我们的这些疑惑,总归要逐渐得到合理的解释。

现在,贺兰山岩画是全国重点文物保护单位,被联合国教
科文组织世界岩画委员会列入世界遗产名录。贺兰山岩画赢
得了世界性的声誉,也吸引了更多的游人和爱好者来参观考
察。因为贺兰山岩画不是宁夏的岩画,而是世界的岩画。

延续了近200年的西夏政权,在与宋、辽、金对峙以尽力巩
固它的统治外,还创造了丰富而独特的西夏文化。西夏统治者
与贺兰山有不解之缘,西夏统治中心兴庆府,选在黄河西岸与
贺兰山之间,就为未来西夏文化依赖贺兰山奠定了基础。翻
阅有关西夏历史和文化的典籍,游走贺兰山沿线的西夏文化

遗迹，你就会发现西夏统治上层的文化与宗教活动场所主要在贺兰山，诸如避暑的宫殿建筑，祭祀的塔林，诵经的佛地，经卷印刷的场所，讲经说法的殿堂……都在贺兰山有建筑遗址。拜寺口的双塔，耸立在沟口北南的台地上，再现的是西夏宗教文化曾经的辉煌，依旧俯视着阡陌纵横的银川平原；当然，也深情地注视着逝者如斯的黄河。

贺兰山下的西夏王陵，是西夏统治者归去的陵地，与中原统治者一样，西夏历代统治者也很重视自己百年之后的分水葬地。他们依旧选择了贺兰山下、兴庆府西边的宝地，头枕着贺兰山，脚蹬着坚固的西夏都城兴庆府。要凭借贺兰山的雄壮和灵气，同样需要黄河的滋润，要看着黄河绵延不断地流淌。现在的西夏王陵及其周围，看上去苍老荒凉，一片偌大的荒漠化之地。但在千年前，这里却是山青草绿的地方，由贺兰山的生态变迁就能看出王陵遗址在千年前的情景。成吉思汗的蒙

图11

古铁骑，不但践踏和焚毁了沿贺兰山一带的西夏文化建筑，也焚毁了西夏的陵地和龙脉。现在，高耸的金字塔似的封土堆依旧耸立在苍穹下……大量的文化遗存在向后人们诉说着曾经的历史。

西夏时期，贺兰山还是被西夏统治者看好的京畿地区的防御屏障，重要的沟谷驻守着大量军队。西夏王陵的背后，就是著名的贺兰山要冲三关口（西夏称克夷门），这里是西夏右厢朝顺军司治所，是西夏都城兴庆府的西大门，原本就驻守着数万军队。1209年蒙古军队第三次攻伐西夏时，蒙古军队攻守数月不能下，成吉思汗改变战术，不再以强攻取胜，而是采取游骑袭扰、引诱西夏守军出城，以伏兵攻击，才攻克了这座坚守了两月有余的关城。

黄土高原与宁夏平原

黄土高原，是一个很大的地域概念。宁夏中南部，是黄土高原边缘，属黄河支流泾水、清水河滋润的地区，也是中华文明的发祥地之一。突兀峻峭的六盘山孕育了泾水和清水河两条水系。泾水南流汇入渭河；清水河北流，汇入黄河。清水河为远古人类的栖息、生存和繁衍，提供了黄土台地与河流交汇的优良环境。人类的早期，黄土高原是一块宝地。这里气候湿润，植被原始，雨水充沛，疏松的黄土层适宜于耕作。沿清水河谷地带，又极适宜于人类生存。中华文化主源头之一在黄河中上游黄土谷地。按照钱穆先生的观点：宁夏南部泾水、清水河谷地，就是适宜人类生存繁衍的地方，也是生成中华文化的地方。就是这条清水河，它将宁夏南北紧紧地连接起来，成为丝绸之路的重要通道，即萧关古道，也成为历代中原王朝军队北上、草原游牧民族铁骑南下的通道。

宁夏平原。黄河流经的宁夏平原，地当黄河中上游。黄河进入宁夏境穿越两道峡谷，一是黑山峡，一是青铜峡。由于受鄂尔多斯台地的阻挡，黄河出青铜峡后转折北上，形成了宁夏平原和河套平原的南北地理框架，黄河孕育了宁夏农业文明与文化。无论是"塞上江南"，还是"天下黄河富宁夏"，都是历史以来对宁夏黄河文明的盛赞和美誉。

秦始皇派蒙恬驻军开发河套，是宁夏平原大规模开发的开始。汉武帝集重兵反击匈奴，宁夏平原大规模移民与屯垦，是其后勤保障和主要依赖的地区之一。唐代的宁夏平原，已是美丽富饶的绿洲，是镶嵌在贺兰山与毛乌素沙漠之间的一颗翡翠，沿丝绸之路而过的胡商、文人和各国使节等各色人都为此激动和羡慕。一千多年前的唐代诗人韦蟾就目睹和感受了宁夏平原的富庶和塞北江南的景象，写下了"贺兰山下果园成，塞北江南旧有名"的诗句。这个让后人向往的描述，涵盖了宁夏平原农业文明与生态景观的多重文化意义。一百年前，美国著名旅行家、英国皇家地理学会会员威廉·埃德加·盖洛来中国考察长城时，宁夏平原水乡景色和富饶的黄灌区农业文明同样使他惊奇，便在他的《中国长城》一书里留下了这样的记载："黄河的开恩更使这块令人惊奇的土地变成一片绿洲。"正是这片神奇的绿洲，生成、演绎和承载着宁夏的历史和文化。

1697年的春天，为荡平噶尔丹的分裂，康熙皇帝亲往宁夏征讨，便有了宁夏之行，也留下了一段帝王写宁夏平原的文字。康熙对宁夏的感觉尚好，在他的笔下同样是写出了当时宁夏的富庶："此处风景虽不如南方，比朕一路走过的地方，有霄壤之分。诸物皆有,吃食亦贱。西近贺兰山,东临黄河,城周都是稻田。自古为九边,朕已到七边。所过之边地,惟此宁夏可以说得。"康熙还说:"宁夏地方好,诸物最贱。"(《文汇读书周报》2001年12月29日,刊载康熙第三次西征时写给宫内太监的17封信)从地理环境说,北方自然比不得南方;但在北方,黄河农业灌溉却是独富宁夏的。康熙在宁夏虽只驻跸18天,但除对宁夏富庶有切身感受外,还对宁夏的土特产甚是喜爱,"所得土物数件,恭进皇太后,又赐妃嫔们数件。"只是没有明言"土物"为何,想必是宁夏久负盛名的"九曲连环二毛皮统子"。当此次西征结束,康熙凯旋返回京城时,他又想起了在宁夏的日子。便派人再到宁夏"寻得食物米面等物,面比上(康熙)用面还强,葡萄甚好"(《文汇读书周报》2001年12月29日,刊载康熙第三次西征时写给宫内太监的17封信)。由于土壤和气候的关系,三百年前宁夏的葡萄就是有名的,而且深得康熙的喜欢。他虽然在宁夏驻跸时间不长,但感悟较深,对宁夏印象很好。因此,当他离开宁夏返京后,便想到了这些。同时,他给太监的信里还说:"朕出外最多,未似这一次心宽意足。"或许,除了歼灭噶尔丹的战事顺利之外,在宁夏驻跸期间的一切,也是他欣慰惬意的重要原因。

葡萄,是汉代沿丝绸之路传入中原的,到了唐代才有了较大的发展,包括葡萄酒。宁夏平原何时栽种葡萄,还需要研究。但至晚在西夏以前已经栽种了,因为西夏八号陵出土的西夏金银器中,有正面为高浮雕式凸起的葡萄纹金带饰。康熙皇帝盛赞宁夏平原葡萄,说明宁夏平原的葡萄栽种面积大,已经成了有一定品位的果类。

历史与现实,都在诉说着宁夏平原的今昔,就连外国人也被这阡陌纵横的"塞上江南"景象所深深地吸引。有人考证,说"天下黄河富宁夏"的说法始于明代，也是有道理的。因为明代在宁夏平原的屯田（军屯、民屯、商屯）成空前规模，使宁夏平原黄河灌溉显得空前富庶。

宁夏平原的开发，如果从秦始皇时期的蒙恬算起，已两千多年了。其富庶的程度，文人笔下感知过它，外国人的笔下感知过它，皇帝的笔下也感知过它。这里，以三百年前清朝康熙皇帝在宁夏的经历，就能纵观千百年来"天下黄河富宁夏"的丰富内涵。

台地

宁夏版图上的台地，是指鄂尔多斯台地，泛指内蒙古高原的西南部。鄂尔多斯为蒙古语，意为有很多宫帐的地方，是明代成吉思汗陵寝迁移到这里之后的地名。宁夏平原向东突出的灵武、盐池台地，即鄂尔多斯台地。黄河出青铜峡后为什么要转折北上，是因为受到鄂尔多斯台地的阻挡。这里的台地高出宁夏平原百余米，多是固定或半固定沙丘，是另一种地貌景观。

明代以前，这里是北方少数民族南下的主要通道，也是不同时期丝绸之路穿越的地方，更是历代统治者驻军屯田的地域，台地的荒漠化程度加重与沙丘的增多，与历代屯田有直接关系。而今，黄河以东台地上的长城、古堡随处可见。这些在明代以前尤其是明代修筑的花马池、铁柱泉、兴武营等城和长城，随着战争和生态的变化，到了明代后期，大都渐趋荒芜了，但历史典籍里依旧辉煌。缘此，我们考察过黄河以东台地的变迁。

湿地

湿地，是天然或人工的、永久性或暂时性的沼泽地、泥炭地和水域，蓄有静止或流动、淡水或咸水水体的地方。黄河孕育了"天下黄河富宁夏"的美誉，也生成了大片水域相连或者分离的湿地。宁夏的湿地集中在黄河平原地带。由于各种原因，近数十年来湿地在不断萎缩，但这些不规则水域相连的湖泊一直演绎到现在，成为银川平原上的一大景观。这是湿地湖泊为宁夏平原带来的自然遗产，是宁夏自然生态的宝贵财富。

追溯历史，从十六国时期夏王赫连勃勃的行宫之地到北周怀远郡的设立，湖泊与湿地就依着年轮延续下来了。在它的身

图12

上承载着远去的历史故事和人物情结。在文人的笔下,它曾是被描写和赞美的对象,自然景观与历史文化相叠加而感动着后人。明朝皇帝朱元璋的儿子朱栴受封宁夏后,就借着宁夏府城环湖的地貌,修建了不少园林建筑,诸如丽景园、金波湖、南塘等,充分利用了湿地的自然条件。因了这些建筑、湖水和湿地,又写下不少描写宁夏平原的诗文,留下了明代以前宁夏平原湿地的影子。

银川得名,有数种说法。从得名的时间看,银川的得名应该是自然景观的集中体现。无论是指冰封黄河的那种景观,还是雪盖平原之后的那种自然景象,或者是对银川平原地理景观的一种美好描述,呈现的都是一种自然风貌。历史上,银川平原有不少湖泊,明清以来的地方典籍里都有详尽的记载。这些点缀在银川城市周围的很多湖泊,是形成银川称谓的另一种自然景观。我觉得,黄河冰封与雪落阡陌的壮阔景观,在视角上是银川得名的宏观成因;湖泊相连且银光闪烁的天然景观,在视角上是银川得名的近景成因。正是从这个意义上,银川的得名,应是多视角、多季节自然景观折射的一种文化反映。

湖泊湿地,是宁夏平原地理条件所孕育的一大自然景观。明代《嘉靖宁夏新志》,在"山川"条里写到的湖泊只7处,到了清代《乾隆宁夏府志》里,在"山川"条下有近40处湖泊湿地。湖泊与湿地的不断发现与命名,说明当时人们所处的社会环境相对平稳安定,生活水平在逐步提高,有了观赏湖水自然景观的审美意识和闲性逸致。这些出现在前人笔下的宁夏平原的湖泊湿地,大多已伴随着岁月的逝去而湮没。社会的变迁,自然环境的变化,湖泊湿地或者逐渐消失,或者已被农田和城市建筑所取代,但与湖泊湿地相生相伴的地名却沿袭了下来，传承的是曾经的历史。后人们只有在读历史的瞬间，才能感悟到那些远去了的时空。

沙漠景观

在地貌特征上，沙漠是另一种自然景观。从宁夏的地理位置看，中北部的西、北、东三面都被沙漠地貌相环绕，西面是腾格里沙漠，北面是乌兰布和沙漠，东面是毛乌素沙漠。沙漠与宁夏地理构成有着不可分割的历史渊源。沙漠与黄河、贺兰山有着千丝万缕的联系，黄河与贺兰山是真正意义上隔离沙漠的一道天然屏障，沙漠与黄河、贺兰山相依相伴，大漠风光与江南秀色相互映衬，就是一种极富人文意义的自然景观。

中卫市境内的沙漠头，是腾格里沙漠东南边缘在宁夏的最大沙区，是宁夏沙漠文化的典型。丝绸之路在灵州过黄河，沿贺兰山腾格里沙漠东南边缘进入河西走廊武威，是宁

图13

夏北部重要的丝路通道；也是沙漠绿洲丝路在东段北道的特殊走向和地貌表现形式。

沙湖虽然开发较晚，但它的沙漠景观与湖水相融的自然属性同样体现了沙漠文化的丰富内涵。无论是涌动着的黄河水，还是波光山色的沙湖水，都是沙漠文化的精灵。其灵秀与奇特之美都是由黄沙、湖水与芦苇和谐相处相融的空间。而今，沙波头与沙湖，都是大量吸引国内外游人的著名沙漠文化景区。

丹霞地貌

丹霞地貌，是一种由巨厚的红砂岩、砾岩等红岩组成，经地壳抬升运动和流水的侵蚀、溶蚀及风化剥落、崩塌后退等外力作用所形成的丹崖峭壁或石峰林立等特殊的地貌类型，在南方司空见惯，在北方尤其是在黄土高原上看这种生态景观，自然就是奇特的事了。在宁夏境内，丹霞地貌是以六盘山为代表的黄土地上突兀的山系，诸如固原市西吉县境内的火石寨，原州区的须弥山石窟等，是丝绸之路东段北道网状走向的通道。

宁夏丹霞地貌，承载着厚重的历史和文化内涵。六盘山自不必说，火石寨、须弥山，都是著名的石窟寺，尤其是须弥山石窟佛造像，都是凭借凸显于黄土地貌之外的丹霞岩石刻凿的，是丹霞地貌留下的重要佛教文化遗产。火石寨丹霞地貌占地面积很大，现在已列为国家地质公园。这里开凿的不少佛教造像洞窟，再现了北魏、唐以来在这里开窟造像的大规模宗教活动。明代初年，蒙古后裔"土达"满俊据石城（与城很相像的

图14

丹霞地貌）而抗击明军，在这里发生过影响较大的军事对抗，最终遭到明朝政府围剿和镇压。

　　以上数说了宁夏的高山、平原、黄土高原、台地、湿地、沙漠、丹霞地貌等，可以看出，在它们身上都承载着不同历史时期的不同经历。但至关重要的还是六盘山、贺兰山和黄河。六盘山、贺兰山形成的特殊体系，营造了特殊功能，充分发挥了屏障作用。如果没有六盘山，就不能形成关中平原；如果没有清水河、泾水水系，就不会形成人类赖以生存的松软河谷台地。如果没有贺兰山的隔阻，宁夏平原就会被漫漫黄沙淹没，天府之国的富庶景象就无处承载。但大自然的神奇造化，就是将山与黄河有机地安排在一起，共同造就了富庶的宁夏平原，尤其成为古丝绸之路网状穿越的地方。立国近200年的西夏，实际上就是黄河平原的受益者。

多元文化荟萃

　　宁夏地貌特点丰富，高山与大河相间，黄土高原与黄河平原相连，其间地域广阔，气候适宜于多种经济发展。在这块广袤大地上，孕育了宁夏丰富而灿烂的历史文化。依考古发现的时序看，北部3万年前的"水洞沟文化"，南部固原"姚河村"旧石器时代时代遗址，是宁夏早期文化类型的代表。新石器时代的"仰韶文化""马家窑文化"系列的"石岭下类型""马家窑类型""半山类型""马厂类型""店河—菜园类型"，以及齐家文化等远古人类文明，在南部固原遗存较多。

　　数千年前，各个少数民族就在六盘山区、清水河沿岸耕牧，义渠戎最具代表性。固原中河西周墓葬出土的铜车马，是西周文化进入宁夏的标志；固原杨郎春秋战国墓的发掘，数十座墓葬出土的青铜器，尤其是各种纹饰的透雕牌饰，是当时北方少数民族青铜文化在宁夏南部——关中边缘的渗透和体现。魏晋南北朝时期，丝绸之路的畅通，使西域和中亚文化沿丝绸之路在宁夏留下了令世人震惊和关注的文化遗存，固原数次发掘出土的大型墓葬，先后出土了有代表性的最具西域和中亚文化特色的各类文化遗存。隋唐以后，与中原密切相关的许多重大历史事件都与宁夏有缘，地域角色扮演了吸纳多重文化的身份，农、工、商各业，佛、道、回诸教，更是呈现出地域文化层面上的千姿百态，风格相异的多元文化特色。盐池县苏步井乡唐墓出土的雕刻在石门扇上的"胡旋舞"造型，不但是唐代文化艺术的珍品，更是西域文化在宁夏的融入和反映。西夏文化，是宁夏地域历史文化的一段重要经历，传10

代近200年的西夏历史，留下了大量文化遗存。元代以后，尤其是明代以来形成的伊斯兰文化，成为宁夏地域文化重要组成部分。

宁夏历史文化的区域性，与周边各地域文化都有着密切联系，甚至是周边区域文化圈的重要组成部分。宁夏的地理位置，正当中原农耕文化与北方草原游牧文化的过渡带上，特殊的历史地理环境决定了宁夏在多元文化方面的相融交汇与吸纳。古代印度、伊朗、阿拉伯、希腊、罗马等几大文化通过西域源源不断沿丝绸之路进入中原，而宁夏就处在这个多元文化出入的重要地带。中西文化在此碰撞并得以充分交流，在这个过程中，作为丝绸之路重镇的灵州（今灵武）和原州（固原），不但将东进的西域文化输入中原，而且自身也在最大限度地吸纳着各类与地方文化相适应的西域文化成分。近百年来地下考古出土，尤其是近30年间的考古发掘，更是再现了这种文化的多元性经历。

丝绸之路，是一条文化之路，更是一条承载着中西文化往来的融会之路。丝绸之路长安—凉州道、长安—灵州道，皆穿越宁夏全境。丝绸之路，孕育了著名的须弥山石窟、大佛寺石窟，也留下了大量丝路文化遗存。

泾水文化里游走

发源于六盘山的泾水，在历史上影响很大，不但衍生了泾清渭浊的成语，而且成为丝绸之路重要通道。泾水的走向，与丝绸之路相伴相随。

泾水，是一条河名，也涵盖了地域。更深层次上却是一条文化河。泾渭的"清浊"问题，自《诗经》时代起既引起了文化人的关注，历代学者诠释它，诗人描摹它，沿袭了数千年，至今仍熠熠生辉。"泾渭分明"，更成为世人评判事物的标准。泾水流域生息、繁衍过古代民族，也孕育过《柳毅传书》这样的传奇故事。

泾水魂

宁夏泾源县城西南大约20公里处，是泾水的源头，俗称泾河恼，有碑立这里。泾水荡荡，随物附形，不舍昼夜。孔老夫子从观水得到了睿智和启示，教化至今。同理，观泾水，游人也会从观赏过程中感悟历史，顿察人生。

任何民族的生存与发展都离不开水。古人把生成世界的物质叫做"五行"，《尚书·洪范》里说："五行，一曰水，二曰火，三曰木，四曰金，五曰土。"水居五行之首。水为万物之源，水养育了万物。故《春秋》云："水者天地之包幕，五行之始焉，万物之信由生。"看来，古人把水的作用看得十分重要，不但认为水是生成万物、养育万物之本源，而且对水作了东方哲学式的理性剖析，赋予它多种人的品格涵养和社会特性，将自然物的水与社会的人等同对待，具备了某种同一性。于是，中国的水文化就应运而生了。泾水文化，正是中国水文化发展的源头之一。

图 15

　　把自然物的水社会化和道德化，是中国水文化的灵魂所在。由《周易》里说的："水养物不穷"，到《老子》里说的："水善利万物而不争"，都在说水具有宽厚大度的精神，而且对万物的恩泽无穷无尽，自然物水已被赋予了自身以外的美德。影响最大者，恐怕就是汉代刘向在其《说苑·杂言》里记载的孔夫子观水的感悟过程。

　　孔子很注意从观察水流的形态中得到人生的启示。有一次，他正在观察东流之水，他的学生子贡问：君子见到大水必定去观察，这是为什么？孔子说：水，养育了万物，却没有自己的功利目的，像德；水向下流去，曲折而有规律，像义；水流源源不断，没有尽头，像道；如果决堤奔泻，立即回响应声，奔赴百丈深渊而无所畏惧，像勇敢；水注入器皿必定是水平的，像执法一样；水盛满了，用不着拿概去刮平，像公正；水柔弱细小，却无所不至，像善察；任何不净洁的东西经水冲洗就净洁，像善于教化；经过千回百转也不改变方向而径直东流，像人的坚定意志。所以，君子见流水必定观看。

孔夫子在回答观水的感悟时，已经赋予水这一自然物以社会化和道德化。至今，仍然教益极深。应该说，这是我们了解中国水文化的关键所在。这是孔子根据水的不同形态把它比作人的道德、仁爱、礼义、智慧、勇敢、坚定、灵敏、胸怀、有为、意志等，近乎所有人的美德都可以从山水中得到应有的启迪。

游览泾河，感悟泾水，虽无波涛汹涌之状，却有九曲回肠之隐；沿峡谷湍湍而下，随物走势，荡然而行；清冽朗朗，银铃汩汩，伴随着风雨沧桑的变故，送走了数千年的岁月，却仍旧青山依依，碧水潺潺，除了自身所蕴藏的大自然的情韵外，留下了足以使后人旅游感悟的文化积淀。

水文化旅游，是现代人生活的新时尚，但不是现代人的发明。行千里路，览名山大川，古往今来的旅行活动皆与水相伴。与人类发祥地相伴随的泾河源，即是一幅幅立体的山水画卷，也注入了人类活动的深厚文化积淀。在以水文化为背景的旅行中，人们可以悦目、怡神、陶情、增知、调整身心。泾水旅行，既合现代人寄情山水之意，也可从中获取文化情趣。

泾水与龙文化

水与人类生存发展有着十分密切的关系。中国的政治格局、地域变迁与水有关，世界上许多文明古国和重要城市也都因水系而来。泾河流域，地处黄河中上游，也是华夏文明的发祥地。周朝先祖不窋由武功迁居甘肃庆阳，不窋的孙子公刘又从庆阳迁豳(陕西彬县),活动地域多在泾河流域,作为大六盘山(陇山)文化圈,固原因泾水亦得到一定程度的开发,成为早期人类文化和秦汉历史文化传播的重要区域,演绎传承了不少与泾水相关的故事。

秦始皇与泾水

《史记·秦始皇本纪》,有秦始皇西巡沿泾水出鸡头山的记载。"二十七年,巡陇西、北地,出鸡头山,过回中焉。"而今,泾源县城西的那条穿越六盘山的通道,大约就是秦始皇巡幸陇西时沿泾水而过的地方。因为,这是历史上沿六盘山开辟的最早的通道之一——鸡头道,也是关中西越六盘山的要道之一。唐宋时称安化峡,现在俗称西峡或荷花沟。峡口东侧的古遗址就是唐代制胜关遗址,直到宋代熙宁七年(1074年)废关置安化县,这里都是鸡头道上的重要关隘。

与秦始皇西巡陇西、出鸡头道这一历史事件相衔接的是修筑在泾河北岸的回中宫。如果臆测,这可能是秦始皇时修筑的西巡行宫。由鸡头道的方位及秦始皇前往北地郡(今甘肃宁县)的路线看,回中宫就在东距泾源县城0.5公里处果家山二级台地上。这里遗址规模、出土文物以及文化遗存等都再现了当年回中宫的建筑格局与辉煌。

回中宫,是因泾水而诞生的产物。由此可见泾水在古代人眼中的重要地位,也可见古人对泾水的倾慕。秦始皇与泾水有缘,对当时和后来的历史文化有一定的影响。如果将回中宫与秦始皇西巡放在特定历史背景下看,回中宫的位置及其修建就显得尤为重要。同时,秦始皇西巡东返时,是要在回中宫驻跸和休整的。所以,这是二千年前与泾水文化直接联系且最有影响的历史事件。

魏征梦斩老龙

　　龙，这个被先民们虚拟出来的神灵，在炎黄子孙的心目中有着崇高的地位，并把自己说成是龙的传人。传统文化中的"龙"，是一个主管水旱灾害且能行云播雨的龙神，是一个为人间降福消灾的象征，实质上寄托了炎黄子孙祈福消灾的愿望。龙的缘起和衍变可以说是水文化的结晶，是中华民族特定环境、特定历史条件下的产物。泾水源头老龙潭的故事，就是伴随着泾河水演绎出来的神话传说。

　　典籍记载和神话传说都显示，龙与水有一种天然联系。自佛教传入中国以后，佛经中的龙王被中国文化所吸收，演化成一种龙王信仰，凡河湖江海，都住有大大小小的龙王。结果有了"山不在高，有仙则名；水不在深，有龙则灵"的古喻，龙潭、龙泉相继而出。泾水源头的老龙潭，就是这种信奉龙王和对龙王祭祀的大众文化意识的产物。

　　多少年过去了，老龙潭的水永远不枯竭，传说是因为老龙潭三潭深处住着老龙，这老龙就是泾河龙王。老龙潭与龙王的传说故事随着岁月的逝去已演绎得魅人动听。民间有不少关于泾河龙王的传说，其中最著名的是"魏征梦斩泾河龙君"和《柳毅传书》。段宝林、江溶先生主编的《中国山水文化大观》(北京大学出版社1995年)里收录了这个传说：《西游记》里说，泾河老龙在行云布雨时，不按玉皇大帝的旨意办事，擅改时辰和降雨数量，违犯大条，玉帝下旨让唐朝宰相魏征第二天午时将其斩首。泾河老龙托梦给唐太宗，请太宗救它一命。第二天，唐太宗把魏征召进宫下棋，想拖住魏征，使它到时不能去斩泾河龙王。到中午时刻，魏征却打起瞌睡来，不一会儿脸上大汗淋漓，唐太宗还拿起一把扇子给他扇凉，想让他睡得踏实些,拖过正午时间,就能救下老龙。扇凉的间隙,只听得魏征大叫道"杀!杀!杀!"没喊叫完就醒了过来。太宗问魏征喊什么,魏征说:"我刚才喊杀的是泾河老龙。正当我斗得满头大汗,怎么也无法下手时,不知从哪里来了一股清风吹得我飘然而起,我像长了翅膀一样,轻松地斩掉了老龙。"唐太宗一拍大腿说:"糟了——我帮倒忙啦!人算不如天算!"

魏征梦中将泾河龙王斩于老龙潭的三潭,现在如果从山崖上向对面望去,峭壁上有个土红色的洞,洞里渗出一线红水,传说那就是泾河龙王的血。

老龙潭四周群峰耸立,重峦叠嶂;峭壁嶙峋,山环水抱。青山秀水,林木茂密,峡谷中泉水叮咚,瀑布飞扬,潭水聚集在不足1米宽的石罅里,水急而涛声骤起。泾源县志记载:笄头山内百泉涌出,前汇为三个潭,每潭左右群峰环抱,中开如门,顺流而下,每潭相距半里许,中潭圆形,阔约两丈,深不可测,上下两潭一方一圆。因了魏征梦斩泾河龙君的传说,泾河源头

图16

便有了老龙潭；因了老龙潭，山也就有如同龙水一体的灵气。身临其境，这种传说的故事与波光暗绿的碧潭相映，真让人能生出些飘逸玄逞的意境来，感悟到水文化的神奇力量。

《柳毅传书》

如果说，老龙潭得名于唐代"魏征梦斩泾河龙君"，那么，《柳毅传书》这个传说的源起应与唐代固原佛教文化的发展和兴盛有密切的关系。有了老龙潭的名字，《柳毅传书》的故事又与老龙潭结缘。相传，自泾河老龙被斩后，泾河小龙接替老龙的位置，当家做主。小龙善于辞令，喜欢交游。有一次他跑到洞庭龙君家里做客，洞庭龙君见他彬彬有礼，侃侃而谈，非常喜欢，就把独生女儿许配给他。泾河小龙将洞庭龙君的女儿娶回泾河后，便露出了胡作非为的真面目。后来，竟将洞庭龙君的女儿罚到荒无人烟的河滩上常年放羊。她一个人在河滩上熬煎了一年又一年。有一天，有一应考的书生柳毅路过这里，十分同情她的苦楚，叫她写了一封书信带回转交给她的父母。龙君见信知道女儿遭此虐待，非常气愤，他弟弟钱塘龙君得到消息万分恼怒，率兵西征，讨伐泾河小龙，将侄女接回了洞庭湖。

依中国文学史看，《柳毅传书》的故事与唐朝人李朝威写的《柳毅传》传奇故事相近。《柳毅传》是一篇神话爱情小说，是唐传奇里写得艺术成就最高的篇章之一。二者故事梗概相同，细节稍有出入。在表现手法上，都充满了浪漫主义色彩。就故事的地域看，全国的龙潭、龙泉如此之多，缘何将《柳毅传书》唐传奇附会在老龙潭呢？这值得研究。在老龙潭香龙河畔，可看到一处秀拔挺立的翠绿色的山峰——龙女峰，就是《柳毅传书》里龙女的缩影。亭亭玉立的龙女峰带给游人的是无尽的遐想。

《柳毅传书》，多么美丽的神话！它反映了劳动人民对善与恶、美与丑的鲜明态度，反映了青年男女对爱情的执着追求，也反映了人们对美好生活的向往。美丽的泾河源头，有了《柳毅传书》这么动人的神话传说，就变得更加神奇美丽了。这种以反映社会的真实生活、表达人们心灵上的健康愿望、追求崇高的理想、给人们以美的享受、给人们向上的精神和力量的民间传说，应该发扬光大，使之广为流传，以增强地域文化的影响力。

泾清渭浊

古人倾心于山水，其考察与游记文字成为中国历史文化的重要组成部分，其作品的传世就是古人畅游山林水涯之后感悟的结晶。首先必须是纪行，不但要描摹青山秀水，追溯神话传说、典故名物之遗迹，而且要探求山水真相，感悟山水景物的审美体验过程。清代人胡纪谟的《泾水真源记》就是他考察老龙潭纪行的记载。

《诗经·邶风·谷风》中有"泾以渭浊"的诗句，历代都有不少的诗歌来描写泾水的清浊，也有著名学者的注疏和典籍载记。作为清代乾嘉学派的推崇者——乾隆皇帝，他在处理朝政之余披阅典籍，博览古今，深感泾水之"清浊"问题尚有嫌疑。1790年二月，已80高龄的乾隆帝敕命中卫县令胡纪谟（山西人）亲往泾河源头做实地考察。胡县令跋山涉水，千里迢迢，亲往泾水源头勘视，终于探清了泾水之本源，"清浊"问题亦随之而解，留下了供后人揽读的纪游文字《泾水真源记》。

胡纪谟的《泾水真源记》，较为详细地记录了他奉命考察泾水的时间、原因，考察过程及行踪，对泾水源头自然风光的感悟，尤其是探清了泾水的"清浊"问题。正是从这个意义上说，《泾水真源记》虽以纪行为主要方式，但实质上也属旅游文学的范畴。因为它以纪行的文学形式，详细地记述和描写了整个考察的过程。

泾水原本晶莹体透，沙石可数。传为"浊"者，是因了《诗经》"泾以渭浊"之句的缘故。后世的笺释者以泾浊渭清而界定，未曾有人亲往泾水源头勘视，而以"浊"相因袭。胡纪谟在其《泾水真源记》里说：泾河考察是因了宋代人苏轼的"滚滚河渭浊"句，元代人曹伯启的"泾清渭浊源何异"句之故。其实，历代关注泾渭清浊的人，都忽视了气候与自然环境的变迁对植被和河床的影响，也忽视了季节性河流造成多泥沙的现象。由于这些因素所致，河水的清浊度自然会有变化。但泾水总体上是清澈净亮的。泾河源头在哪里？泾清渭浊究竟是怎么回事？这是胡纪谟此次考察的关键所在。《泾水真源记》详细记载了笄头山的峰巅和山势，策马入龙潭三潭的过程。在胡纪谟的笔下，一百多年前老龙潭及其周围景致是这样的：

……

土名泾河恼，又曰老龙潭。峡内每峰相对，凡四层若门户然。第一层峡稍宽，水亦浅。自第二至第四，水深不可测。有头潭、二潭、三潭之曰，物肖三龙祠，以祈祷焉。少时大旱，取湫。头潭旁有灰径可行，稍进即窨。此后并头潭，亦无敢入者。余策马入峡，水才数寸，溯源而上，曲折行半里，渐逼灰径，水及马腹不能涉。相隔第二层山峰，约三、四丈，石崖仅离二三尺，激水注射峡中，投之以石，不见底。想二潭三潭，非人力所能到也。出峡后，欲登山府看，而群脊如削，无从驻足。山左右俱石，小山绵亘四五里，下有清泉数十层注入川内，百泉所由名欤？

胡纪谟行踪，沿泾水直到泾川境内的汭水与泾水的合流处，始见水"色与泾源少异，然不过微杂尘沙……迥非咸阳渭河之黄泥耀目者可比。"探清了泾水的源头，辨清了泾清渭浊的原委，"泾水有灵不甘久匿其面目，卑数千年清浊混淆，一旦分明亦千古未有之遭逢矣。"《泾水真源记》得以上呈乾隆皇帝御览，使泾渭分明"得之御正，昭然千古"。

依现在的旅游眼光看，当年胡纪谟是在旅游活动中考察泾水之源的，可谓探究求真。故《泾水真源记》以事实击破臆断，补前人之不足。同时，泾水源头的山水和自然景观的瑰玮秀美使他产生了强烈的美感，在山光水色的变幻中表现了作者对泾水源头自然美的审视。通过《泾水真源记》，我们能够真真切切地感受到一百多年前泾水源头大自然景观的秀美绝伦。从文化史的角度讲，胡纪谟秉呈皇帝意志亲往泾水之源考察，且正本清源，以纠千古之贻误，也是一件有功于文化发展的大事。从旅游文化角度看，泾河源水文化从此又增添了一层诱人的光环，老龙潭的神秘色彩更浓。

胡纪谟当年考察泾水源头时看到的龙王庙，老百姓多祈雨于此。此外，还有三龙祠。无论是龙王庙，还是三龙祠，都表现了一种承传——龙水一体，无水不龙，欲雨求龙，再现了中国千余年来的求雨风俗。三龙祠的修建与得名，可能与老龙潭三潭有关。电视剧《黄土地》里祈雨的镜头，表现的就是这种民间祈雨的阵势和讲究。据传，这种求雨的形式始于汉代董仲舒，唐宋以后极为流行，人们多在水泽潭边建龙王庙供龙王神像,当天旱无雨时即在庙中举行祭祀,在潭中取湫。老龙潭边上的龙王庙、三龙祠及其祈雨祭祀活动,既是这种时代遗风的伴生物,也是龙与水文化的一种表现形式。

而今,老龙潭周围的祠庙早已荡然无存。这种祈雨的风俗也随着社会的进步逐渐消失了,老龙潭水库的修建成为新的景观,一派高峡平湖的江南景色。多年前上海古籍出版社的陈奇猷先生游毕老龙潭后感慨道:"这里是黄土高原上的小江南啊!"每当春夏时节,绿染山峦;金秋时节,红叶似火,是一处四季皆宜的考察旅游胜地。

荷花谷

泾水源头,是百泉相汇的地方。这里不仅孕育了奇峰秀水的老龙潭,也点染了碧绿层叠的香水峡。香水峡,又名龙江峡,亦名西峡或窟窿峡;也因了峡内长满河床的荷花,又被人们称为荷花沟。其实,这条峡谷长15公里,是丝绸之路早期的穿越六盘山的通道。公元前220年,秦始皇巡陇西、北地二郡时即走此道——鸡头道。汉代王孟率兵驻守也在这里。《新编化平县志》称其沟内一泉为"龙泉涵碧",说"县西香水店有泉一窟,水色澄碧深不见底,相传为昔年'龙池'"。而今"龙池"之地早已成了水库的渊薮。虽然龙池消失了,龙江峡的遍野荷花,挺拔对峙的群峰,绝壁劲松的涛声,尤其是那曲径通幽的香水河,穿越峡谷,隐现明暗般如同一条玉带向东汇入泾河,河床边亭亭玉立、碧绿层叠的野荷花,箭竹丛生、松柏滴翠的山峦,共同构成了峰回路转般的奇绝之景观,形成了一道天然绿色长廊,浑然一体的锦绣风光。

图17

在荷花沟古鸡头道，游人可乘车沿峡谷而进。越往里边，景致越加显得出奇，景色迷人的那一段弃车步行，才能领略这山光水色的神韵。人动景移，始终觉得是在一个有形与无形的空间中行进，任凭游人感悟。用"峰回路转""流水潺潺"，来描述荷花谷，是再恰当不过的。山，是有层次的，乍看好像前面大山已经挡住去路，当你前行要看个究竟时，突然峰回路转，柳暗花明，豁然开朗。水，蜿蜒曲折，随山势赋形，忽隐忽明，清澈见底，不时发出汩汩流淌的悦耳声，触石泛起白浪，也要卷起千堆雪一样。山因水而活，水因山而秀，山水相拥，苍翠欲滴。没有潺潺萦绕的水，山便显得沉寂，便失去了灵秀之气。中秋时节，景色异彩纷呈。绿的松柏，随风起浪；红的柳叶，如同香山的红枫，点缀在万绿丛中，红得醉人。白桦树，枝丫红白相间，夹杂在万木竞秀之中。这一切，如同画家的调色盘，涂就了这群峰之上的景色和浓淡相宜的层次。面对如此景观，即使出生在大江南北、领略过无数名山胜景的游人，也被这荷花沟奇秀含蓄的山水所激动，几近于三步一回头，五步一小停，来欣赏这山水造就的独特意境和情韵。

荷花谷的荷花更美。这里的荷花是沿着泾水溪流而生长的，布局疏密有致。高高的茎秆，硕大的页子，与周围的山水树木相处得悠然谐趣。既是在中秋时节，开败的花秆与枯黄的叶子，在摇曳中与秋风为伍，仍能使游人幻化出盛夏时节的艳丽和光彩来。荷花谷的泾水，随山赋形，不但使那些峰回路转的山动了起来，而且滋润了成片成带的野荷花。有水的地方，就有荷花，游人方能体验和感悟到水这种自然物所具有的坚韧的生命力。

凉殿峡

泾水源头出自于六盘山百泉。凉殿峡，属另一条峡谷，也流淌着另一条泾水。在群山奇峰的拥戴下，它流忽明忽暗，奔腾着穿过长达20余公里的峡谷而东去。中间，又汇集了纵横交错的潺潺细流，绕过千姿百态的峰壁，不时在谷底发出悦耳的水声。尤其是掩映在石罅峰峦处的水流发出的银铃般的声音，瞬间会使游人产生一种幻觉。整个峡谷中林荫蔽日，万木葱茏，岩上藤条缠绕，古松悬壁；泉水叮咚作响，伴以鸟鸣幽境，俨然一派大自然原始风光。游览和体悟这里的山水景致，便会生出北国粗犷豪放之雄气与南国水乡俊美之秀气相融会的独特意境来。这就是泾源县城南20多公里处的凉殿峡。

凉殿峡，仅字面含义看就有些来历。在这浓荫蔽日的大峡谷深处，身临其境，自感生风，气候凉爽宜人。这既是一种风景优美的自然写照，也蕴含了一段潜在的历史故事。一个"殿"字，便介入了历史的和人文的背景。而今，以"凉天峡"相称。其实，沿袭"凉殿峡"的旧名更有利于游人感悟它的历史行踪。一则可承传其约定俗成的旧称，二则可说明这里自古就是避暑胜地，更能显示公元13世纪成吉思汗戎马倥偬之余在此驻跸避暑的历史遗迹。"凉殿峡"的名字，大约就是因了这段历史而得来的。

在一片若大平整的草地上，乱石丛中的大石头上开凿的插旗杆用的石窝仍在，青苔遍布石上，还有喂马用的石槽……踏着松软的草坪，环视这里的一切：两面山峰开阔，四周空间豁达，悠静极了，唯有泾水发出空谷四荡之声，古人说的"蝉噪林欲静，鸟鸣山更幽"的山中境界，在这里体现无遗。摸一把布满青苔的石旗杆窝，会使游人思绪腾飞，超越时空的界限，幻化出一幅叱咤风云的一代天骄成吉思汗的雄姿和他谋划攻取南宋以成霸业的宏图；还有那迎风烈烈的旗帜、参差错落的蒙古包。掬一捧泾河水，便想起孔老夫子说的："子在川上曰，逝者如斯夫。"不舍昼夜的泾水，送走了成吉思汗的这段历史，却凝固了一幅传神的永久历史画面，且涂上了一层神秘色彩，留给后人观览、感悟和凭吊。公元1227年夏四月，成吉思汗在攻灭西夏的前夜，病逝于六盘山行宫，同样留下了千古未解之谜。

无论老龙潭、凉殿峡，或者荷花谷，泾水是它们的根，是它们的魂！它目睹过悠远的历史，秦皇汉武涉泾水登六盘祭祀；突厥民族的战马，吐蕃民族的铁蹄；也伴随过丝绸古道上的商贾、僧侣和使节。战争和文化一并融进这绵延不尽的泾水里。

班彪与另一条丝绸之路

《北征赋》，是班彪的名作。班彪（公元3—54），扶风安陵（今陕西咸阳）人。祖父班况，汉成帝时为越骑校尉；父班稚，汉哀帝时为广平太守。班彪出身于世家，子班固、班超，女班昭，都是彪炳千古的著名人物。班彪一生博学多才，专心史籍，不仅是历史学家，而且是文学家。《北征赋》是他留在文学史上影响较大的文学作品，而且是他考察安定郡后留给固原的一笔文化财富。缘于《北征赋》与固原的关系，我们实地考察了近乎两千年前班彪走过的丝绸之路东段茹河与蒲水道，清晰了丝绸之路东段在宁夏固原、甘肃庆阳的另一条走向。同时，也更加追念这位伟大的先行者。

北游

北游背景。班彪为何北游，而且是选择固原，本身就是一个值得研究的话题。西汉末年，农民起义遍地。公元23年，更始刘玄虽取代王莽称帝长安，却委政于赵萌，日夜饮宴于后庭，诸将在外者专行诛赏，各置郡守，军阀割据林立，成纪（天水）隗嚣、蜀郡（成都）公孙述、邯郸王郎等，各地诸侯划界称王称霸。

天水，为陇右重镇。隗嚣割据天水，当时成为西北王霸中心。公元25年十一月，当赤眉军杀更始帝后，隗嚣离开长安再度回到天水，复招募其众，自称西州上将军。京城长安政治中枢先后经历了诛杀王莽—更始入主—再到更始被杀这样一个腥风血雨的过程，关中乱离不堪。天水暂时成了避难的港湾，三辅士大夫避乱者多往天水，隗嚣也表现出招贤纳才的气度。

班彪也有过避乱天水的经历，只因所谏不为隗嚣所纳，遂弃而前往河西，投奔窦融。

班彪北游安定郡（固原）的走向，还要从丝绸之路说起。

通常，学术界将横跨欧亚的陆上丝绸之路称为绿洲丝路并划分为东、中、西三段，在中国境内有两段，固原正当北道东段北道必经之地。即出长安，沿泾水北上至甘肃平凉、宁夏固原（原州），再沿清水河北上出石门关、过海原抵靖远（会州），过黄河进入河西走廊，抵达敦煌。唐代安史之乱后，吐蕃控制了西北大部分地区，这条通道受阻。丝路改道，出长安沿泾水北上至邠州（陕西彬县）即拐向庆阳（庆州），沿环县北上至灵武（灵州），渡黄河进入河西走廊，抵达敦煌。

实际上，汉唐时期还有一条通道。它的走向是在邠州（陕西彬县）过泾水上董字塬，穿越宁县在庆阳北石窟蒲河河岸下塬。发源于六盘山的茹水，流经宁夏彭阳县、甘肃镇原县，在庆阳北石窟脚下与蒲河相汇。或者从长安经泾阳、淳化穿越宁县、镇原。班彪所走应该是后者，但必须与蒲河相衔接。过蒲河走茹河这条通道。2013年10月，我们对这条线路做了考察，理清了过去没有太关注的一条线路，有助于我们重新认识早期丝绸之路在固原的多条走向。

首先，古代道路沿着水系行进应该是共识。俗语说：八百里秦川，不如董字塬边。虽然有夸张之嫌，但董字塬的确是陇东粮仓。由董字塬上的宁县到蒲水岸边，是一眼望不到尽头的大塬，道路平衍便行。蒲河岸边的古道还在，石坡上长时间车辙碾碹留下的印痕清晰依旧。由这里下坡即过蒲河，沿茹水东北行过现在的甘肃镇原县、宁夏彭阳县，到青石咀与穿越三关口、瓦亭峡（三关口与瓦亭峡为汉萧关防御带）这条通道相衔接。现在，仍是两条通道。

其次，考察这条通道，再根据班彪《北征赋》写的内容，我以为班彪北游固原，就是走这条通道。这条丝路相对平缓，有茹河水系相连贯通，正好在战国秦长城线内侧，相对安全。他是在考察长城、凭吊孙卬战死萧关的背景下前往固原的。

第三，这条通道同样见证了丝绸之路文化的繁荣。庆阳北石窟寺（相对于甘肃泾川境内的南石窟）开凿于北魏永平年间，由泾州刺史奚康生主持开凿，因与泾川石窟同时兴建，南北分座，故称北石窟寺。自北魏历经西魏、北周、隋、唐等各个朝代相继增修，规模较大。这是中西文化交流在丝绸之路上的见证。

高平城

《北征赋》，是汉唐时期的名赋。这里首先应该理清两个问题，一是《北征赋》写于何时，二是班彪先到固原，再到天水后前往河西。《北征赋》写于何时，与班彪北游安定郡有关。他从长安出发，至安定（今宁夏固原）写了这篇《北征赋》。依题记看，《北征赋》写于更始帝时期（公元23—25）。赋中记述了作者北行的历程，抒写了怀古伤时的感慨，表现了安贫乐道的思想，尤其是班彪专期北游安定（固原）之后的经历和感受。"遂舒节以远兮，指安定以为期"，明言此次北游的目的地是安定。"遂奋袂以北征兮，超绝迹而远游"，他决定向北去，到那人迹稀少的边地安定，一是考察战国秦长城的雄壮景致；二是凭吊汉文帝十四年为防御匈奴14万铁蹄而战死朝那萧关的北地郡都尉孙卬，三是登临高平城以览四周苍茫壮阔的景观。汉武帝以后的高平城"西遮陇道"，战略地位十分重要。汉武帝拓疆辟土时期，不但在高平城设立安定郡治，而且6次视察安定郡。光武帝刘秀为荡平天水隗嚣割据，亲征至高平城，宴饮群雄，赏封功臣。发生在高平城的重大历史事件和重要历史人物,高平城的军事地位和影响力深深地吸引着班彪。高平城,承载的历史太丰厚。或许,这就是班彪为何要考察安定郡治高平的深层原因。

《北征赋》中写到了作者沿途所经历的地方,由地名即可看出班彪北游安定所走的线路。"朝发轫于长都兮,夕宿弧谷之玄宫""乘陵岗以登降,息郇邠之邑乡""登赤须之长坂,入义渠之旧城""过泥阳而太息兮,悲祖庙之不修""释余马于彭阳兮,且弭节而自思"等句,描述了离开长安后北上所经历的地方。由以上地名连接,即可看出班彪所走的一条线路:长安动身,沿途经过陕西泾阳、淳化、旬邑,甘肃宁县、镇原县再进入安定郡治高平城(固原)。应该说,班彪走了一条长安至高平城的捷道,实际上是丝绸之路的另一条通道。

途中,班彪主要考察了三处重要的地方。

一是战国秦长城。秦昭襄王三十五年灭义渠戎国,"筑长城以拒胡"。战国秦长城绕高平城而过,穿越今宁夏彭阳县、甘肃镇原县进入陕北。踏勘战国秦长城,是班彪北游的第一重目的。当进入安定郡地界时,班彪看到了蜿蜒无尽的长城,睹物而发出怀古忧伤之感慨。战国秦长城承载着一段特殊的历史,他埋怨秦将蒙恬劳民修筑长城,认为这是为秦国在"筑怨"。"剧蒙公之疲民兮,为强秦乎筑怨"。班彪登上长城的亭障烽燧远眺,便想起刘歆的《初赋》:"望亭燧之曒曒,飞旗帜之翩翩。迥百里之无家,路遥远之绵绵"。在追述古人之感慨长城的同时,班彪也是"登障燧而遥望兮,聊须臾以婆娑"。

二是战死萧关的名将孙卬。安定郡未设置之前,境内县制属北地郡所辖;北地郡最高军事长官驻防萧关(三关口至瓦亭峡一线)。汉孝文帝十四年(前166年),匈奴14万铁蹄入朝那萧关,杀驻防萧关的北地郡都尉孙卬,霎时间朝野震惊。朝那萧关，是秦汉以来的著名关隘。"吊尉印于朝那"，是班彪北游的另一目的。司马迁《史记》与班固的《汉书》里，多次提到北地郡都尉孙印，且直呼其名。由《史记·惠景间侯者年表》和《汉书·高惠高后文功臣表》互见印证，可确知北地郡都尉姓孙名印。

司马迁在《史记》里把孙印的独特业绩当作重大历史事件来写。西汉王朝是在秦末农民大起义的战乱中兴起和统一的，世风相对复杂。多苟且偷生之臣，缺战死疆场之将。孙印战死萧关，不但为反击匈奴赢得了时间，尤其是为汉朝戍边之将作了仿效的榜样。汉文帝奉行有功必赏的策略，嘉封孙印子孙单为瓶侯。在文帝封侯的二十八家中，瓶侯唯一是以军功受封者。对于西汉来说，这种反击战正在改变着汉朝初年那种积贫积弱的国家形象。缘此，班彪要凭吊孙印。

三是高平城。"指安定以为期"，安定郡高平城是班彪此次考察的另一重要目的。登上高平第一城，远眺四望，清水河穿高平城东而过，远山高耸矗立，积雪皑皑；原野苍茫壮阔，雾霭沉沉；朔风起处，寒云涌动；暮春时节，雁声阵阵。耸立在高平城楼上的班彪，此情此景使他悲伤陡起，长叹息而泪流。"隮高平而周览，望山谷之嵯峨""飞云雾之杳杳，涉积雪之皑皑。雁邕邕以群翔兮，鹍鸡鸣以啿啿。游子悲其故乡，心怆恨以伤怀。抚长剑而慨息，泣涟落而露衣。"高平城展示给他的许多暮春的景象感染着游子，他惦念着"故乡"，牵念着中原，悲从中起，伤怀不已，抚剑叹息而流泪。实际上，固若金汤的高平城，苍凉壮阔的山野四景，让班彪顿生文人报国之志与圣贤博大之胸怀。"夫子固穷，游艺文兮。乐以忘忧，惟贤圣兮"。《北征赋》寄托着他的希望战乱平息，国家统一情怀与境界。

《北征赋》的影响

　　《北征赋》全文95句，约700字的篇幅，以骚体的形式来书写。就其内容看，集中描写班彪北游安定高平的沿途经历的城镇、行旅住宿的场所、考察的遗址等，包括抵达高平城的情景与感悟。历史遗址往往承载着一段历史故事，周朝早期公刘在庆阳的作为，义渠戎国近千年的建都史，修筑长城与民生的恩怨，汉文帝十四年匈奴铁骑攻入萧关、守将孙卯战死疆场等一系列的重大历史事件与有影响的重要历史人物，都发生在班彪穿行的丝路古道上。对于这些历史现象背后劳动人民的悲惨生活和动乱纷扰的社会现实，班彪以史学家的评价标准，在他的"赋文"里都有不同程度的评说。

　　在表现手法上，《北征赋》注重抒情。这种以抒情为主的表现手法，与汉代铺张扬厉的西汉大赋迥异，开东汉抒情小赋之先声。此后，随着社会的发展变化，在文人表现社会的艺术层面上，以抒写个人情怀的"小赋"逐渐占据主要地位。对于年仅二十出头的班彪来说，"开东汉抒情小赋之先声"的评价是相当高的，也比较客观。从这个意义上，在中国文学发展史的里程碑上应该有班彪的一席之地。同时，也是研究地域文化的重要文化资源。

　　班彪北游安定高平，是有其历史背景和社会现实两大缘由的。从其北游动机看，主要是追寻历史遗迹，壮游安定郡治高平城。安定郡，是汉武帝析置的新郡，在汉代的西北边镇中，雄踞北地与陇西二郡之间，环绕三郡北境有长城相连接。当时安定郡治境内，有秦汉时期著名的边塞雄关——萧关，有汉武帝时期开通的西北干道——回中道等。直到唐代,还吸引着一茬一拨寄情边塞的文人。初唐四杰之一卢照邻的《上之回》中就有"回中道路险,萧关烽候多"句,岑参的《胡笳歌送颜真卿使赴河陇》中有"凉秋八月萧关道,北风吹断天山草"句,王维的《使至塞上》中有"萧关逢候骑,都护在燕然"句,王昌龄的《塞上曲》中有:"蝉鸣空桑林,八月萧关道"句等,影响深远。班彪的北游,他追念的是天下宴然一统的西汉社会,是对文景、武帝盛世陈迹向往、寻觅和对已经逝去的历史的一种无可奈何的感怀。但《北征赋》的背后,却记载和反映了汉代安定郡的历史和社会现实。

我国多个朝代都修筑长城。春秋战国时期,各国都在边境修筑长城,以相互防御。《左传·僖公四年》载,楚国"方城以为城",已经有了关于长城的记载。战国时期秦、魏、燕、赵等国都相继修筑长城,秦始皇统一六国后,将地处北方的秦、赵、燕三国长城在修缮的基础上连接起来。北地郡高平(固原)城以北的长城,是战国时秦昭襄王灭义渠戎国,置陇西、北地、上郡后,为防御北方游牧民族而修筑的长城,起自于甘肃岷县,经今宁夏固原入甘肃环县,再穿过陕西榆林等地进入内蒙古准噶尔旗所在的黄河岸边,呈西南至东北方向的走向。在后人眼中,汉代安定郡治高平为"中华襟带"之地,北通大漠,南扼关中,是北上西出的枢纽所在。

安定郡的设置,深层背景是源于汉文帝十四年(前166年)匈奴14万大军南下对汉朝的军事进攻及其影响。52年后的汉武帝时期,便有了安定郡及其设置,是汉武帝时期国力强盛的象征。它显示政府强化地方政权建设,以武力增强边备防御的能力。这无论从国家层面上的防御,还是地方政权建设,都是一个历史性转折。这一时期有两件大事:一是安定郡的设置,二是回中道的开通。

汉武帝时期的安定郡，不仅仅是高平县（固原）有了郡一级的地方政权建制，而且为这里大量迁徙人口以示开发。汉武帝元鼎三年（前114年），设立安定郡，治所高平城（固原），辖21县。随着地方政权建设的设置与加强，道路交通必须紧跟。"回中道"开通于元封四年（前107年），此道开通后，汉武帝曾沿回中道北出萧关，过安定、北地巡视黄河沿线。"回中道"的开通，对安定郡的发展意义重大，班彪为何要考察安定郡治高平，皆因重大历史事件和重要历史人物，包括安定郡特殊的军事地理位置。

《北征赋》里的生态

秦汉四百年间，随着政府的不断移民开发，农牧分界线向北推进，对固原境内的生态环境已经有一些影响，但总体上还是山青水秀之貌。这一时期气候正处在温暖期，境内森林广布，间有草原，草木茂盛，降水量多。境内游牧大于农耕，是宜农宜牧的地区。《后汉书·邓禹传》载："上郡、北地、安定三郡，土广人稀，饶畜多牧。"汉武帝当政后，多次向北方进击匈奴，收复河套地区之后，随之而来的是大量的移民，在发展经济的同时，草原和森林的大片土地被农耕所代替。东汉前期，这种程度还在加剧。东汉后期由于游牧民族的不断内迁，农牧分界线又向南推移，农耕民族内迁，大片土地退耕还牧，次生植被开始恢复。班彪前往安定郡考察，正逢这样一个社会变迁的时期。

班彪《北征赋》里，记载和描写了他眼中的安定郡的社会与生态环境。一是安定郡生态与畜牧景象。秦长城是当时农牧业分界线，在这条分界线之南，畜牧业还占有一定的比重，甚至安定郡境内尚为半农半牧区。"日晻晻其将暮兮，睹牛羊之下来"，正是班彪描写的安定郡日暮山野牧归的景象。汉代安定郡境内雨水充沛，生态很好，牛羊塞道的一幕定格在班彪笔下。二是描写了安定郡的河流水系。"风猋发以漂遥兮，谷水灌以扬波"。班彪沿战国秦长城内侧抵安定郡治高平，要经历几条河流，一是茹河，二是清水河。由陕西邠县过泾河，穿越董字塬，在庆阳北石窟寺脚下，蒲河与茹河相接，沿茹河到青石嘴，再沿清水河到高平城（固原城）。汉代固原境内的几条河水较大，风起即能"扬波"。环高平城，还有饮马河，虽然现在无法知道当时河水的状况，但毕竟是环高平城一条水系。三是描写了自然界的禽类。"雁邕邕以群翔兮，鹍鸡鸣以哜哜"。班彪到高平的时间是在深秋或初冬，他踩着皑皑积雪，望着萧瑟的原野和起伏的山峦，包括天空排成队的大雁，听着凄声哀号的雁鸣……这些自然界的意象，触动着班彪怀古伤时之心，他虽然倾吐的是自己悲怆撕心之情绪，却为后人留下了当时自然环境的和谐景象。现在，大雁成群飞过天空的景象只能在古人的诗文里去寻找了。

丝路牵着原州与敦煌

原州（今宁夏固原），是汉唐以来丝绸之路上的一个重要城市。一千多年前的北周时期，原州城里的李贤官至瓜州（今甘肃敦煌）刺史，将丝绸之路东头与西端连接起来。20世纪80年代初，固原城南考古发掘出土的李贤墓葬与出土文物，向后人诉说着这段特殊的历史。

李贤（501—569），字贤和，历经北魏、西魏，为北周重臣。《周书·李贤传》记载，其祖上为陇西成纪人。曾祖李富，北魏太武帝时即有战功。祖父李斌袭领父兵，镇守高平（固原）后，举家徙居原州（固原）。《北史》有李贤本传。李贤墓的考古发掘，出土有《李贤墓志》，志文清楚记载其为"原州高平人"。史书记载与墓志铭文记载相一致，可见李贤家族，至少从祖父李斌时期就成为北朝重镇——原州颇有政治地位与影响力的家族了。

李贤和他的家族

北魏正光五年（524年），改高平镇（固原）为原州。原州的设置，是固原历史上的一个里程碑。北魏也经历了一个特殊时期，是在经历了三国两晋民族大融合、中西文化交流空前的历史背景下走过来的。北魏末年，北方各地爆发了民族大起义，少数民族首领胡琛、万俟丑奴在高平起义，声势浩大。万俟丑奴建立了政权，设置百官，年号"神兽"。万俟丑奴政权被北魏大军剿灭后，北魏解体，分裂为东、西魏；西魏的出现，表明宇文泰关陇统治集团的形成。在这个过程中，李贤家族发挥过重要作用。先后为北魏尔朱天光、贺拔岳、宇文泰镇压万俟丑奴农民起义助力，或出谋划策，或参与镇压，因功累迁威烈将军、殿中将军、高平令。宇文泰西征侯莫陈悦时，李贤与其弟李远、李穆等密应侯莫陈崇，以功授都督，仍据守原州。《北周·李贤传》里说，李贤出游遇一鬓眉皓白的老人对他说："我年八十，观士多矣，未有如卿。卿必为台牧，努力免之。"为李贤附会了一个有宗教色彩的故事。

宇文泰（507—556），原本贺拔岳部将，随军入关中。贺拔岳死后，为诸将拥立为主帅。在镇压万俟丑奴关陇起义的过程中，以原州（固原）为大本营。他控制关陇后，重用高平（固原）人李贤。不久命李贤率精骑千人赴洛阳接迎魏孝武帝入居长安，西魏建立。之后，宇文泰进位丞相，开始控制西魏政权。他与原州高平李贤家族有着特殊的关系。自宇文泰入关，李贤就协助他收复州城，并且以马千匹助宇文泰。宇文泰西征时，李贤与其弟李远、李穆牵制叛军首领侯莫陈悦，因功被迁原州刺史。尤其是北周高祖（宇文邕）及齐王兄弟二人早年都寄居在李贤府邸，说明宇文氏家族与原州李贤家族不同寻常的关系。周武帝宇文邕与其弟齐王宇文宪在襁褓时，因避禁忌，不利在宫中，宇文泰便把他们兄弟安置在李贤家中，六岁时还宫。这种亲情关系在中国历史上恐怕也是空前绝后的。原州，是宇文泰特别依赖的地方，晚年还曾数次回访原州。既是在高平古城生活过六年的周高祖宇文邕也没有忘却原州，曾于563年秋七月幸原州，金秋九月自原州登六盘山后才离开高平。

正因为这一段特殊的历史，20世纪80年代固原陆续发掘了李贤、田弘等人的墓葬，出土有大量的珍贵文物，从文化融合的角度再现了北朝固原独特的历史文化风貌，这是关陇统治集团形成过程在固原的历史文化缩影。1983年，在固原县南郊发掘的北周大将军李贤墓出土的鎏金银壶、波斯萨珊时期的工艺品等,是中西文化交流和研究的重要实物依据。李贤夫妇墓葬所再现的文化表现形式是本土性的,但本土文化对外来文化的吸纳更具有代表性。墓志铭上显赫地写着"北周柱国大将军李贤夫妇"。同时出土了金、银、铜、铁、陶、玉等各种质地的随葬品700多件,仅彩绘的陶俑就200多件,依类型可分为披甲胄镇墓武士俑、出行仪仗俑等,尤其是鎏金银壶、玻璃碗、环首刀、陶俑等最为珍贵,都是从西方传入的手工艺制品。鎏金银壶是反映东西文化交流的极为重要的遗物。

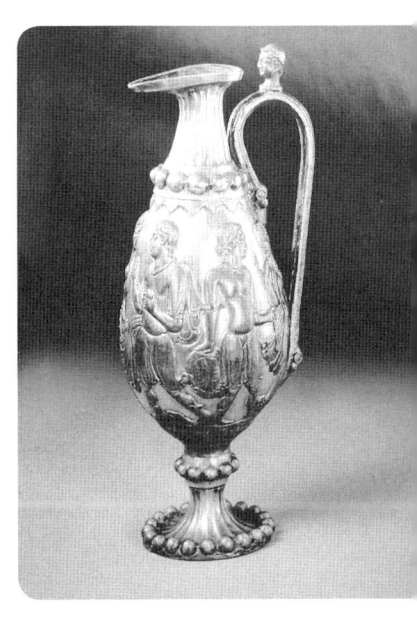

图18

534年春,在争夺原州城的过程中,高平令李贤、包括他的弟弟李远、李穆在高平城中内应,与宇文泰一举拿下高平城,宇文泰始得以"引兵上陇……镇原州",有了大本营。高欢灭尔朱荣左右北魏政权后,宇文泰已掌控关陇军政大权。皇帝以宇文泰为侍中、骠骑大将军、开府仪同三司、关西大都督、略阳县公,后又兼尚书仆射,为关西大行台。永熙三年(534年)北魏孝武帝元修被权臣高欢所逼,由洛阳出逃依附宇文泰。宇文泰一面"移檄州郡",一面"数欢罪恶","自将大军发高平",率军东进。同时,遣大都督李贤率精骑一千赴洛阳迎接魏帝。在东阳驿,宇文泰备仪卫驾迎孝武帝入关。此后,无论邙山之战,还是沙苑之战,李贤兄弟(李远、李穆)都是军中主要战将,包括原州籍的蔡祐、田弘等。沙苑之战,宇文泰马中流矢,宇文泰落马坠地,东魏军队紧追其后,都督李穆下马舍身相救。西魏大统八年(542年)授原州刺史,大统十二年（546年），李贤与独孤信、史宁曾率大军至凉州平定宇文仲和之乱。十六年（550年）迁骠骑大将军、开府仪同三司。西魏恭帝元年，晋爵河西郡公，后以弟子植被诛，李贤坐而除名。不久再授使持节、车骑大将军、仪同三司。周武帝周保定二年（562年），复李贤官爵，接替段永出任瓜州刺史。李贤弟李穆，北周时期官至大司空。

李贤家族，作为地方势力的代表，不但为北魏宇文泰等提供战马及军用物资，而且为其出谋划策。在参与镇压万俟丑奴起义与尔朱荣势力的过程中获得卓著战功，为宇文泰所赏识，成为西魏、北周的柱国之臣。宇文泰掌控西魏军政大权后，对李贤推崇有加，数次西巡至原州。宇文泰与李贤家族有一层特殊关系。北周武帝宇文邕与齐王在襁褓时，因避忌，不利在宫中，寄养李贤家中六年之久。同时，还赐李贤妻吴姓宇文氏，养为侄女。此外，李贤弟弟李穆还救过宇文泰的性命。此后，不仅宇文泰数次狩猎、巡抚西境到"原州"，他的儿子——北周武帝宇文邕也西巡到原州李贤家中，怀念幼时在原州的经历。"朕昔幼冲，爰寓此州……益增旧想。"在原州时，下诏表彰仍在瓜州任上的李贤，曾降玺书遣中侍上士尉迟恺前往瓜州"降玺书劳贤，赐衣一袭及被褥，并御所服十三环金带一腰，中厩马一匹，金装鞍勒，杂彩五百段，银钱一万。赐贤弟申国公穆亦如之。子侄男女中外诸孙三十四人，各赐衣一袭……"（《周书》卷二十五《李贤传》）。可见，宇文邕对原州李贤家族的感激之情，包括原州六年的怀旧深情。

北周时，于原州再置总管府，西魏原州刺史李穆曾在建德元年（572年）出任原州总管，这是宇文氏家族与原州李贤家族深层关系的历史折射。

图 19

敦煌壁画里的李贤

北魏自正光以后，"四方多事，民避赋役，多为僧尼，至二百万人，寺有三万余区。"（《资治通鉴》卷158）这种宗教文化兴盛的背景对后来有着深远的影响。《周书》《北史》里，还看不出李贤与宗教的关系，即便是《李贤墓志》里，也没有直接写到他与宗教信仰的话题，尤其是与佛教的关系。过去的考古发掘及其研究，没有也不可能涉及这个话题。敦煌研究的成果，却再现了李贤的另一面——佛教文化信仰。敦煌莫高窟第290窟的佛教壁画故事，提供了许多与李贤相关的内容，而且融合得天衣无缝。

北周武帝保定二年（562年），李贤出任瓜州刺史，成为敦煌地方最高长官。在安民治境的同时，推进了敦煌石窟文化的发展。敦煌290窟的壁画内容与李贤相关连，就是因了这个背景。敦煌石窟供养人壁画的位置，通常都在窟内四壁下部，或中心塔座下部四周的次要位置，画像旁侧多书写有不同身份地位的榜题。敦煌莫高窟290窟，主室平面呈长方形，分前后两部分：前部分为人字披顶，主室为中心塔柱直通窟顶。中心塔柱四面开龛造像，塔柱基座四面为壁画，构图分为上下两层。上层绘画内容为供养人，下层绘画内容为力士。洞窟内四面的壁画基本分四层横向带状分布，上部绘伎乐天，中部为千佛，下部为供养人壁画，最下层为基石感强烈的药叉，在视角上表现了天、人、地这样一种空间关系。窟顶前部人字披内画华传故事，后部平顶绘十二分平棋图案，窟内壁画代表性图案为佛传故事、胡人驯马、飞天伎乐、千佛图像等，尤其是人数较多的供养人。从壁画的内容看，佛教故事与世俗化的内容都融入其中，折射的是当时的社会现实。

敦煌石窟艺术，西魏、北魏时期是重要开凿期。李贤任瓜州刺史数年，作为地方高级官吏，他为敦煌石窟艺术的发展做出过贡献。北周时期洞窟现存有16个，其中的第290洞窟与李贤有密切关联，是北周时期代表性窟室。研究者认为此窟就是李贤和他的弟弟李穆、李贤与莫高窟的关系，不仅显示了李贤为官敦煌的作为，也再现了他与丝绸之路文化的密切关系。我们从敦煌壁画的背后看到了一个宗教信仰执著的李贤和他的家族。

敦煌第290洞窟，没有明确的开窟年代题记，但供养人壁画有榜题。此窟可能是李贤功德窟，窟主可能是刺史李贤。其依据，一是"胡人驯马图"。这匹马背上有一副空鞍，或为周武帝所赐"金装鞍勒"的中厩马。二是供养人题名。李贤妻子姓吴，北壁西起第15身女供养人题"……吴氏爱亲"；西起第19身供养人题"孙女李氏"，前者为吴辉的亲属，后者是李贤的孙女（王惠民《敦煌佛教与石窟营建》第193页，甘肃教育出版社2013年）。

洞窟壁画与李贤有关的话题，是敦煌研究院研究者的发现与学术研究成果，理清了李贤与洞窟壁画的关系。其依据在于，第一是"胡人驯马图"。此图位于第290洞窟中心塔柱西向面龛下部，马为枣红色，驯马者为高鼻深目面相的胡人，戴白色毡帽，上衣窄袖，长至膝盖处；脚蹬勒靴，左手执鞭，右手挽马缰，以惊奇的目光看着眼前这匹烈马。马背上的装饰，凸显的是一幅精美华丽的马鞍。研究者认为，这匹来历不凡的马和马背上的金鞍，与《周书·李贤传》中记载的周武帝赐给李贤的"中厩马""金装鞍勒"的实物是相一致的。第二，第290窟北壁下东起第15身供养人像旁有墨书题记"吴氏爱亲"字样，与李贤夫人姓吴名辉的记载相吻合。如果进一步追溯，还会发现壁画里供养人的一些细节，如第290洞窟中南壁下层壁画中，供养比丘的身后有一身材高大、身着红袍、袖手而立的男供养人，神态与装束不同于常人，完全是王者派头，这实际上就是指李贤的代身。还有学者认为，两幅高大的供养人可能就是李贤与李穆兄弟……靠中心柱主尊佛左侧之北壁所绘（供养人）很可能是李贤，场面很有可能记述的是周武帝派中侍尉迟恺前往瓜州"降玺书劳贤"赐李贤中厩马与衣物的场面。（杜斗城《河西佛教史》第250页）。但李贤家族的政治背景与敦煌最高地方长官的经历，同样潜在地成为其题识的政治标签。我虽未曾有缘目睹290窟壁画，但从正史记载李贤经历与学者研究290窟壁画的观点看，还是有道理的。

敦煌壁画里有佛教壁画，也有世俗壁画。从宗教意义上说，世俗画基本上表现佛经中关于世俗生活和社会事象的叙述与描写，性质仍属于佛教画。但画面直观形象，则是人世生活和社会事象的层面，供养人像就是其中之一种。李贤壁画在敦煌石窟的表现，正是这种社会生活的折射。在敦煌，无论是塑像还是壁画，都突破了佛教美术的形式与内容的限制，曲折地反映着现实生活。作为敦煌最高地方长官的李贤，他在敦煌莫高窟以壁画的艺术表现形式，凭借"家庙"这个平台，展示了李贤与北周皇朝的密切关系，包括这个家族在当时的政治地位和重要影响力。同时，也向后人暗示了李贤的宗教信仰。以莫高窟第290窟的沿窟壁画看，李贤家族信奉佛教，此窟中心柱主尊佛造像与当时的弥勒信仰有关。

北周武帝保定四年（564年），驻军东调征讨，考虑西道防御空虚，担心羌、吐谷浑等少数民族扰及边境，朝廷再授李贤使持节、河州总管、三州七防诸军事、河州刺史，主持这一带的军事防御。569年，北周武帝天和四年三月二十五日，李贤卒于长安，时年68岁。周高祖宇文邕亲临，恸哀左右（《周书》卷二十五）。赠使持节、柱国大将军、大都督十州诸军事、原州刺史，谥曰恒。李贤墓考古发掘，清楚地记载着李贤家世及其经历；墓葬出土的大量与丝绸之路相着的文物，也说明李贤与丝绸之路的密切关系。其家世及其子孙的宦迹，一直延续到隋朝。

黄河东岸的胸衍古地

胸衍,是个古老的地名,战国时秦国已在这里设置胸衍县,管辖的正好是现在宁夏盐池县及陕北的部分地域。历史地理的变迁与文化生成,演绎了黄河东边古胸衍大地上的生态变迁与文化的延伸。3万年前的水洞沟文明,开了胸衍古地上民族迁徙的先河。胸衍的名字,就是因早期生存在这块土地上的民族——胸衍戎而来的。设县的时间应在秦惠文王时期,因为史书里有秦惠文王北游胸衍的记载。汉代,胸衍县建制相沿袭。司马迁的《史记》里明确记载:"泾、漆之北,有义渠、胸衍之戎",就是指泾水以北春秋战国以来胸衍古地上的少数民族。秦汉时期的历史,演绎的是民族发展与融合的过程。当多元民族文化的融合完成之后,盐文化的发展取代了历史意义已非常久远的胸衍这个地名,盐州的称谓出现了。后来的盐池、花马池、铁柱泉、兴武营和长城又成为盐州大地上一个个内容丰富的文化景点。明代后期以来,兴武营、铁柱泉等渐趋荒芜了,但历史典籍里依旧辉煌。这里,也是丝路古道,可与草原丝路相通。缘此,我们有了古胸衍地的走访,时光是在2005年初冬的季节。

三五九旅

盐湖,关乎国计民生,历来是国家专控的。去盐湖,有盐池县志办的胡先生相陪。拜望盐湖,是向往已久的事。在刚刚完成的《宁夏历史文化地理》一书里,其中一章就是关于盐湖的历史变迁和文化衍生的内容。车出盐池县城,约行40余里,穿过明代长城向南拐,银光灿灿的盐湖便进入视野。现在,盐湖离我们很近,但感觉上非常遥远,盐池承载的历史和文化厚重得一时难以解读。自有人类历史以来,民生与食盐不可一日为缺,它是人们日常生活的必需品;它的生成既有规律,又因地域不同而十分神奇。车穿越长城后,我们停下来。回头看过去,是沿长城一字摆开的一时很难数得清的窑洞。胡先生说:这窑洞是当年三五九旅在盐湖打捞食盐时住过的地方。有了这段特殊的历史背景,我心里瞬间生出了不可名状的敬意和感慨。窑洞是利用长城墙体挖出来的,窑洞间距很近,看上去大都坍塌陷落。而今,大半个世纪过去了,留在长城上的窑洞依旧如同排着队的长龙,在诉说着曾经的这段历史。

从史书里感悟和解读过的盐湖与眼下看到的盐湖,真是天壤之别。这里是一处盆地,盐湖呈南北走向。穿过明代长城之后向南看过去,就是一眼望不到尽头的盐湖。史书里记载的盐池,现在真真切切地出现在眼前。盐湖是由很多个池子构成和支撑的,它们将盐湖偌大的空间分隔成一个一个的长条状小池子,每个小池子就是食盐生成的渊薮。池子的边缘周围都用滕条编成齐整的围墙,保护着池子的洁净,平静的池水上面浮着白白的待沉淀的食盐。早已打捞出来的盐,堆砌得像山头似的。抓一把银光青亮的盐粒,十分亲近和新鲜;舔一舔盐粒,顿感淳咸清香。听师傅说,20年前他开大卡车在这里直接装盐,运回火车站,再发往全国各地。现在盐湖边上已建有盐厂的再生产加工厂设施,进行加碘等生产环节的处理,食用盐的配置成分越来越走向科学。

按中国食盐生成的几种类型,有海盐、井盐、池盐,盐池盐的生成属池盐。盐池,是宁夏历史文化遗产的重要组成部分,在它身上浓缩着悠久的历史文化内涵。《汉书》里已记载有胸衍古地上盐池的历史;唐代政府已在灵州设有专门管理盐政的机构;西夏时期的盐湖,是西夏社会经济的重要支柱之一;

明代的盐湖，由于军事与战争的缘由，得到了历史以来的大规模开发，盐引通过多种途经直接用于战争和边地驻军。直到清代，仍有盐捕通判一级管理机构驻于惠安堡管理盐政事务。它不但与历代军事、战争关系密切，而且与地方建制和民间宗教文化有关，更是感染着历代在宁夏为官的文化人，留下了不少描写盐池景观的诗作，成为历史文化遗产的组成部分。考察盐湖，身临其境，自然要想到前人们留下来的与食盐有关的大量文化信息。其实，盐湖本身就是一种资源，作为多重文化遗产景观，包括附会在盐湖身上的有关历史文化，将会吸引人们去游览。"凝华兼积润，一望夕阳中。素影摇银海，寒光炫碧空。调和偏有味，生产自无穷。若使移南国，黄金价可同。"文化的、经济的盐湖的景致如在目前。如果说明代人写盐池的诗，已经让人神往的话，那么，追溯70年前陕甘宁边区三五九旅指战员在长城上挖窑洞住宿，在盐湖里打捞食盐的情景和那段特殊的历史，更是让后人追念。

铁柱泉与铁柱泉城

铁柱泉，在明代宁夏地方志书里是非常引人注目的地方。只是随着时代的变迁才逐渐淡出历史舞台，后人已很少知道它的历史。其实，应该叫铁柱泉城，铁柱泉因城而来，城因铁柱泉而闻名。按地理方位，铁柱泉在盐池县冯记沟乡境内，距县城不是很远。出盐池县城往东南方向而去，这一段路据说50余公里，但走起来是一种遥远的感觉，基本是在沙丘与荒漠中行进的。好多地方似乎没出道路，或者狭窄的路，歪歪曲曲，看上去亘古荒凉和原始。地貌或者为丘陵状土包，或者为小盆地,不知名的生命力极强的各种小草覆盖在大小不等的沙包上。有些地方其实什么也没有,尽是起伏的沙丘。这里空间很大,好多地方没有住家,环境也不适宜住家,即使有人家的地方,也荒凉得很,看上去是这样的景象:起伏不平的丘陵坡地,三五棵歪歪扭扭的老树,五六家古拙单调的房子,就构成一处生命之源,由它们互相点缀着这无尽的荒原。坐在颠簸的车上,面对擦肩而过的眼前景色,我遥想过古胭衍大地上的历史。如果五百年前行走在这块古土上,它应该是绿色覆盖着的"乐游原"。

芨芨草,是这里最有生命力的植物。在将要到达铁柱泉的邻近之地,远远看过去是一大片一大片黄里泛白的颜色,与沙丘相融在一起。随行的胡先生说,看过去的那大片白颜色就是芨芨草。及近,当你看到芨芨草在初冬的轻风里摇摆时,你才能真切地感受到生命力的坚韧与顽强。两米多高的芨芨草覆盖着沙丘般的大地,车子就在被芨芨草掩映的弯曲狭窄的小道上穿行。在一个叫南张记场的地方,铁柱泉古城已遥遥在望了。在地理方位上,南张记场是与北张记场对应的。北张记场,曾是汉代盐池县城古遗址。由此可臆测,南张记场开发也应该是很早的。

身临城下,我们才发现铁柱泉古城所在的这个地方,实际上是一个小盆地。古城坐落在盆地西北边缘的高处,坐西向东,开东门,有瓮城,即二道城门,瓮城为方形。包括瓮城在内的两道城门早已被坍塌的城墙和年久的黄沙所淹埋,但昔日的城门洞依旧裸露而清晰,大青砖砌就的圆形门洞,已经被岁月的风沙所吞噬,近乎已经封到了城门洞的顶部;圆形的门洞上部,当年筑就的城墙仍覆盖着砖包的门洞。我们爬上城墙,城墙四周的轮廓皆在视野之中。穿城而过,北城墙已被风沙无情吞并，西面城墙墙体遗存分明，约3、4米高的城墙遗迹仍高高地耸立在冬日里寒风的吹拂中，南、东两面城墙尚好。城中沙丘里青砖累累，瓦砾遍地，呈现的是荒烟衰草般的景象，不时有瓷器残片暴露在眼前，图案花纹清新可观。这一切，显示的都是数百年前铁柱泉城的繁盛经历和沧海桑田般的变迁。

在铁柱泉城东门外百十米处，有一眼泉水，至今溪流潺潺；泉水边几棵高大的榆树，被初冬的斜阳照射着，静得出奇，婆娑的树冠映衬着墨绿色的泉水，这就是铁柱泉。就是这神奇的铁柱泉，在明代宁夏籍著名文化人胡汝砺编、管律重修的《嘉靖宁夏新志》里，已收入了当时人专为它写过的一篇《铁柱泉》碑文，记载了铁柱泉的缘起、过程及其存在历史意义。明朝时，为防御退守漠北的蒙古兵锋的不断南下，朝廷在整个北方边境设有九大军镇，即九大军事防区，在现在的宁夏境内就有两镇：宁夏、固原，并在固原设立陕西三边总督府，统一调度和指挥西北的军队。

图20

公元 1500 年前后，铁柱泉所在的这一带，蒙古兵锋不时南下。为堵防这个通道，陕西三边总督、兵部尚书秦纮已经在铁柱泉修筑城池，当时北方战事时断时续，军队也没有长时期驻守在这里。过了 36 年之后，战争不断加剧，这一带成了蒙古兵锋南下的要道。这一年，陕西三边总督刘天和再度关注铁柱泉，对铁柱泉城进行再修筑，此后，军队长期驻守，这里遂成为一处较大的防御要塞。同时，军屯、民屯汇集这里。明代，是中国历史上屯田耕垦的重要时期之一。铁柱泉城成为重要的城池和驻军之地后，兵农商旅皆往来于此。在地理方位上，铁柱泉城在兴武营东南；在军事防御上，兴武营与铁柱泉城有着密切的联系。兴武营所辖方圆数百里，绝无水泉，蒙古兵锋南下，只有依赖于铁柱泉的水源。缘此，明代人还写过《铁柱泉颂》，记载了铁柱泉在当时军事战略上的重要作用。

　　为何名为铁柱泉，地方志书未有道明，只是记载：泉水涌动而甘冽，日饮数万骑而不涸。这里数万骑包括人畜。当时铁柱泉周围幅员数百里，皆为可耕可牧的沃壤之地，与数百年后的今天已霄壤之别。正源于耕牧和水源之便，草原蒙古兵锋南下时尤其依赖于这里，往返必饮于此泉。对于明朝北境来讲，蒙古骑兵南下进攻宁夏、掳掠固原、陇东，铁柱泉反成为其骑兵进退之营地。刘天和督理陕西三边军务后，为进一步加强防御，曾在宁夏镇考察关隘之夷险，城寨之虚实，包括进兵道路等。在铁柱泉，他对部下将领说："御戎之策，其在兹矣。可城之使虏绝饮，固不战自惫。"筑城的原委都说清楚了，但依旧没有流露铁柱泉为何？愚意，由于这里地理位置重要，而且是控制"日饮数万骑不涸"的地方，自身就是一道屏障。明代人写的《铁柱泉颂》里就有"维铁其柱""峨峨铁柱"的表述，似乎在叙说铁柱泉的来历，铁柱泉的得名或许与军事和战争有关，彰显的是一种防御意义上的砥柱情结。

有了铁柱泉城,有了招募屯田的军队和当地的土著人,铁柱泉水及其周围逐渐发展成了一处集军事与商贸为一体城镇。在军事家眼里,铁柱泉正处在"彼我往来者为交地"的地方,"不战而屈人兵",在这里筑城守泉,自然是军事布防过程中的上策。

历史上的铁柱泉城与眼下的铁柱泉城,早已无法相提并论了。战争远去了,铁柱泉的地理位置早已随之失去;战争远去了,那个曾经繁华过的集军事与商贸为一体的铁柱泉城早已荒凉冷落;军屯与民屯的历史早已过去了,无休止的开垦与撂荒,留给后人的是漫漫荒沙包裹着的铁柱泉城。唯有那铁柱泉城外流淌着的悠悠"泉水",无论是对铁柱泉古城的兴废,还是后人来这里观览凭吊,都在印证和诉说着一种无法挽回的牵念和生态变迁:500年的历史风雨,已实实在在地演绎了这里沧海桑田般的变迁。

兴武营古城与康熙

兴武营,在盐池县西北方向,距县城大约60里地。现在,这里是高沙窝镇属地。由地名可想到这里的地貌,但与铁柱泉城一带又不完全一样,看不见芨芨草,也没有了覆盖着丘陵的小草。沿高速公路过高沙窝镇,向北穿过公路隧道后即进入起伏的沙丘之路,径往东北方向而去。快到兴武营时,在一个有数户人家的村落里,请一位当地的老者带我们前行。他对这里的地理和人文掌故较熟悉,不仅是向导,还可以讲一些当地流传的故事。在一个较大丘陵的坡地上,他说前边远远能看到的那个很大的城堡就是兴武营城。

　　这里四周为丘陵地，中间是一处较大的盆地，兴武营古城坐落在盆地中央，城墙保存得比较好。据向导老者讲：20世纪50年代，兴武营砖包城保存完好，远远望过去蓝莹莹的非常好看。后来就逐渐毁了，尤其是搞地质勘探的队伍进住这里后，城墙砖被渐渐扒去，只留下了现在的土城，"蓝莹莹"的兴武营城永远消失了。

　　兴武营城坐北向南，南门筑有高大的瓮城，瓮城为方形，保存完好；城开南门、西门，东、北两面没有城门。从城的形制看，与铁柱泉城大致一样，除开西城门外，都筑有瓮城，且为方形。这一时期筑城的形制大体是相同的，同为军事与战争的产物。南门早已被人为地封闭，在城东墙挖开一处大豁口，供人和车辆出进。偌大的城池，现在全是耕地。登上城墙，城周围的远山近景都在视野之中，明代人修筑的长城（头道边墙）蜿蜒而过；地形意义上的城池形胜，我辈似乎也能感觉出几分。城墙砖扒光了，土胎城墙保存完好。尤其在南城门城墙上看瓮城，真是横亘在蒙古兵锋南下要道上的大屏蔽。这座古城，应该是目前宁夏境内保存最完整的古城之一。

　　明代宁夏修筑的长城，在全国都是闻名的。到了兴武营城下，方才知道长城就从兴武营城墙边上走过。通常说的头道边长墙、二道边长墙（长城，明代称长墙）皆由兴武营城擦边而过。两道长城与兴武营城交会，兴武营的防御作用就十分巨大了。我们登上兴武营头道边长城，无论是向西北方向，还是向东南方向望过去，都是一条蜿蜒的长龙，望不到尽头。将兴武营城与长城衔接起来看，似乎先有兴武营城的修筑，后才有长城的修筑。头道边也好，二道边也罢，都是明代战争的缩影。现在，这里一切都显得寂静、荒凉。可500年前的兴武营是另

图21

一番景象。在明代宁夏地方志书里,在当时人的诗文里,都能读得出来。

　　兴武营,是设置比较早的一级军事建制。明代《嘉靖宁夏新志》记载,这里早已有城池,且已成废墟,更不知是筑于哪个朝代,叫什么名字,俗称"半个城"。明代正统九年(1444年),宁夏巡抚、都御使金濂始奏筑兴武营城,但仍在旧城的遗址上,城筑好之后,由都指挥一级军事建制驻防这里。那时,还没有铁柱泉城,兴武营已成为宁夏镇黄河以东重要的军事设防基地。到了公元1507年,杨一清驻节固原主持陕西三边军务时,再次奏改兴武营为守御千户所一级军事建制,驻防军队1千多人,直接隶属于陕西都司管理,军事设置级别大为提升,城池亦增至周回3里余,开西、南二门,四角皆有铺楼。在明代人眼里,这里是"灵夏重地,平庆要藩",成为宁夏以东以南,成为包括甘肃陇东防地在内的军事要隘,当时军事意义已经体现出来了。杨一清提升了兴武营的建制层次，也体验过兴武营秋来塞外的景致，曾有诗道："簇簇青山隐成楼，暂时登眺使人愁。西风画角孤城晚，落日晴沙万里秋。甲士解鞍修战马，农儿持券买耕牛。翻思未筑边墙日，曾得清平似此不？"杨一清的诗透露了当时多重文化信息：一是兴武营所在的地理环境，是一处青山相拥的低凹地；这里的地表已经开始沙化；城池周围有大量屯耕的农户。但更多的还是感慨：没有战争时，这里会是一片塞外农耕景象；不修筑边墙时，这里就十分清静了，不会有现在横亘在眼前的长城，也不会有无休止的大量驻军营造出来的战争与军事环境。明代人陕西参议丘璐在兴武营巡边时，也写有"沙碛茫茫忽见城，相传原是李王营"的诗句，揭示的仍是当时兴武营周围的生态和这里悠久的战争历史。

兴武营，是黄河以东与长城交会的地方。古代长城大多与交通道路并行。明清以来河东的道路交通，沿长城东西走向内

图22

侧就是一条通道,实际上是一条保护性的通道,尤其是明代。清代,清政府与北方蒙古上层结成政治联姻后,长城逐渐失去它的防御作用,但兴武营仍旧驻有大量军队,沿长城形成的东西通道仍然畅通。杨一清增筑兴武营城一百多年后,当改朝换代之后的一代英主康熙皇帝为统一战争,第三次亲征噶尔丹时,于公元1697年二月统大军由京城启程西来,这次战役的指挥中枢在宁夏府城。康熙由山西保德渡过黄河西进并进入兴武营时,就是行走在以长城为依托的这条通道上。宁夏总兵官王元化亲往兴武营接驾,康熙帝在兴武营做过短暂停留。此时,前方有战报给皇帝:噶尔丹之子已经俘获,战报给皇帝带来的是喜悦。康熙在谕旨宁夏、甘肃精兵速进围剿噶尔丹的同时,在兴武营有过小范围的狩猎活动。当康熙驻跸兴武营时,见这一带野兔、野鸡之类非常多,且不时合群而过,原本不准备围猎、不愿扰民的康熙,睹此情景便来了兴致。"满围都是兔子,朕射三百一十支。"康熙在给宫中亲信太监的17封信里描述了这一段经历和记载。屈指数来,这已是三百年前的事了。对于兴武营来说,除了战争依附在它身上的军事色彩之外,康熙皇帝也为它涂上了艳丽的夕阳余晖。同时,康熙笔下也描绘和留住了三百年前兴武营的生态景观。

仁立在头道边(长城)遗址上,岁月侵蚀过的苍老的长城,还有那依旧耸立着的兴武营古城,连同明清以来发生在这里的历史画卷会扑面而来:如同康熙皇帝在给宫中亲信太监的信中所诉说的情景一样,后人们依旧能从兴武营的兴废与长城的兴衰中读出那段远去的历史。游观凭吊兴武营城,会使你追溯那些遥远的历史,会思索向导老者诉说对兴武营城毁坏的历史经历。

成吉思汗和他的后人

成吉思汗西征中亚,拓展了欧亚大陆丝路的畅通,驿站的延伸,也在改变着丝绸之路东段的走向。六盘山道(丝路东段中道)就是在这个大背景下逐渐开通的,后来成为西(安)兰(州)公路的雏形。

丝路六盘山道

　　六盘山,地处宁夏固原境内,为关中西出北上的屏障。通常意义上的关中四关(东函谷、南武关、西散关、北萧关),其西散关与北萧关就依托在六盘山(古代称大陇山)南北。汉唐时期的丝绸之路,即沿六盘山东麓穿越固原而北上。历史上,这里是中原农耕文化与北方草原游牧文化、中亚西域文化相碰

图23

撞融和的过渡地带,也是北方少数民族南下的重要通道,军事地理位置十分重要。在宋代人的眼里,这里是"山川险阻,旁扼夷落,中华襟带"之地。元代,开通丝绸之路六盘山道,即后来西(安)兰(州)公路的前身,军事、政治与文化意义空前提升。

成吉思汗奠定的六盘山开城行宫,经过窝阔台、宪宗蒙哥到忽必烈时期的经营,已成为一处规模较大的"行宫"。宪宗蒙哥曾一度较长时间驻跸六盘山,各郡县守令都往六盘山觐见。蒙哥进兵四川之前,整个大军的粮饷辎重等军用物资全部留存在六盘山,成为蒙古军队的大后方。忽必烈受封京兆后,六盘山行宫就成为他避暑议事、指挥南方军事的中枢,迎请藏传佛教高僧八思巴这样的宗教仪式也在六盘山行宫进行。此外,还有不少诏见和迎请的大事都在这里举行。

从成吉思汗奠定六盘山行宫始,宪宗蒙哥和世祖忽必烈,他们的军事行动都以六盘山行宫为驻跸之地。究其原因:一是六盘山在蒙元时期攻取四川、统一南宋过程中所处特殊的军事地位和发挥的巨大历史作用;二是由蒙古汗国都城和林、开平两地前往六盘山,六盘山既是蒙元军队南下的通道,也是蒙元军队南下用兵的天然屏蔽。对于蒙古汗国来说,无论从和林或者开平,渡黄河沿萧关古道翻越六盘山,都是一条捷径。

成吉思汗时期,在六盘山已建有斡尔朵。元朝建立后,忽必烈分封其子忙哥剌为安西王,消夏的王府就建在六盘山下的开城。这一时期,穿越六盘山的丝路畅通。忽必烈出兵云南大理时,大军已由六盘山南进。安西王府建立后,丝路北上西出,这里都是要道,也是重要的城市节点。忙哥剌(1272—1280),是忽必烈与察必皇后所生的第三个儿子。忽必烈很重视皇子的教育。早在藩王时期，忽必烈就以王恂，尤其是当时的名儒姚枢为师。1271年元朝建国。这年八月，忽必烈又委任李槃为忙哥剌的说书官。在宗教文化方面，忽必烈皈依藏传佛教，对他的皇子皇孙同样有着很大的影响。

安西王与安西王府

安西王忙哥剌虽然不是一代帝王，但在蒙古统一南宋的过程中起过重要作用，行使过类似于皇帝的权力。在元代历史上影响较大，这里作为元代皇帝的附录，载入安西王的一生经历，对于后人了解元代初年在宁夏的历史，还是有积极意义的。

元代六盘山的政治格局是在成吉思汗时期奠定的。公元1227年闰五月，成吉思汗在攻灭西夏的前夜避暑六盘山。因为早在11年前的1216年冬天，成吉思汗曾诏见金朝降将郭宝玉，问攻取中原之策。成吉思汗在避暑六盘山的同时，关注着六盘山未来的军事地位，灭金取宋，是经营六盘山的根本目的。他准备凭借六盘山的战略位置来实现自己攻金伐宋的战略思想，从而奠定了六盘山在统一南宋过程中的地位。宁夏固原城南15公里处的开城镇，在元代初年颇为重要，安西王就封，王府的建立，其地位和当时的上都相当。成吉思汗避暑时建立的斡耳朵（警卫部队的营帐）就在开成，遗址在清代初年仍有保留。当时设置的斡耳朵，就是为警卫成吉思汗避暑之地而建立的。也就是说，成吉思汗避暑在泾河源腹地凉殿峡，护卫军队驻扎在开成。设在开成的斡耳朵，后来演变成了安西王府。成吉思汗之后，宪宗蒙哥、太祖忽必烈都先后驻跸六盘山,特别是忽必烈时期,六盘山已成为当时政治、军事的中枢,在客观上体现了"行宫"的地位,不少重大事件都是在六盘山议定的。有了这些经历,安西王府的设置及其地位就不同于一般意义上的王府。

1271年,忽必烈建立元朝。第二年冬,忽必烈封皇子忙哥剌为安西王,"赐京兆为封地,驻兵六盘山"。同时,安西王府应运而生,并立王相府,以商挺为王相。安西王驻节六盘山,目的在于分制陕西、四川等地,任务和使命艰巨,因为统一南宋的战争正在进行中。早在数年前,忽必烈在诏见刘好礼时,刘就上言:"陕西地重,宜封皇子诸王以镇之。创诸都城,宜给直以市民地。"忽必烈觉得说得很在理。

忙哥剌受封的第二年,即1273年,朝廷明确安西王分治陕西和四川,遂建王府于开成。在王府格局上,"仍视上都,号为上路"。不久,皇帝又封安西王为"秦王",别赐金印。此时的安西王,实际上一藩二印,两府并开。其府在长安者曰安西,在六盘者曰开成,皆视为王府。安西王冬居于京兆(长安),夏徙居六盘山。开城安西王府这种政治上、军事上的特殊地位,是由特定的历史背景形成的,安西王府及其所在的六盘山,具有非常重要的军事作用。正缘于此,其规格与元上都是一样的。

至元十年(1273年),元朝迁入大都(北京)后,调整了行政区划,改原州为开成路,放弃旧原州城,在安西王府所在地开成另辟治所。开成路下设一州、一县,开成县与路同治于开成。元代开城安西王府的设置,使开城一地在政权建制上包括了路、州、县三级。当时元朝中央政府与南宋间的战争正处在胶着状态,安西王府以及王府所在六盘山还在发挥着重要的军事作用。在1273—1279年的6年间最为关键。这期间,六盘山安西王府直接控制着统一南宋过程中的四川战局。

安西王的绝对权力,体现在元朝统一南宋的过程中。按照元朝"以枢密院皇太子兼枢密使节制天下兵"的军制,设置在四川东、西两川的两枢密院均为安西王忙哥剌直接指挥,战况直接由安西王向朝廷奏报。

安西王受封后,六盘山下的安西王府成了他的驻跸之地。当时元朝政治中心仍在开平,之后才开始迁入大都。在此前,开平、六盘山、四川三点一线,安西王居六盘山统一指挥,实际上是中央派在陕西、四川地区的最高行政和军事机构。安西王"一藩二印,两府并开",地位至尊,在历史上都是罕见的。他实际上是皇帝经营陕西、四川的直接代理人。安西王有权派遣官吏巡视和督战,调解内部纷争,可以奏报四川的战况,还可以因特殊情况发布特殊命令,称之为"教"(姚燧《牧庵集》卷17),以别于天子的"敕",它同样具有"圣旨"般的权威。

由"延厘寺"看安西王府建筑

姚燧(1238—1313),号牧庵,是元代著名学者。收入文渊阁《四库全书》集部的《牧庵集》,就是以他的号冠名的。他的伯父姚枢,被忽必烈邀入藩邸,提出过许多"救时之法"。忽必烈征大理时,他立主不妄杀人。忽必烈即位后曾任宣抚使、司农使,是元代著名的理学家。姚燧曾学于伯父姚枢,有家学渊源。姚燧撰《延厘寺》碑文时,正在江西行省参知政事任上。"延厘寺"碑文,收入姚燧的文集——《牧庵集》,文字不是很长,大约不足1 300字,但涵盖的内容丰富,信息量大,记载了《延厘寺》的缘起及碑文撰写的前前后后。

图24

安西王与安西王府,是元代设置在固原开城的具有皇权性质的政权建制。王府设置的背景、地位及其在元朝的作用巨大,影响深远。安西王府的建筑格局与建筑规模,如果已经遗失的《开城志》不能失而复得,可能就没有相关的史料来详尽说明它了。但我曾用《元史·五行志》里的记载,试图印证安西王府的建筑规模。大德十年(1306年)八月,开城曾发生过一次较强烈的地震,"开城地震,坏王宫及官民庐舍,压死故秦王妃也里完等五千余人。"从地震伤亡的人数看,开城安西王府的建筑规模是很大的。

"延厘寺",是安西王府建筑的重要组成部分。《延厘寺》的修建,是安西王阿难答为纪念祖父忽必烈和祖母察必皇后,于元贞二年(1296年)报请成宗皇帝准允动工修建的。前后经过八年时间的修建,始告竣工。姚燧为新落成的寺院题名并撰写了《延厘寺》碑文。

元代大德八年(1304年)秋天,姚燧迁官于江西行省参知政事(为江西行省的副长官)。十月,安西王相塔齐遣开城路总管府判官常谦带上安西王阿难答给姚燧的信函,千里迢迢,由开城到了江西。"数千里驿,致安西王教于燧,"姚燧深为感动。在这里,姚燧将安西王的信函称为"教"。"教"是什么?是有别于皇帝的"敕"的一种称谓。可见安西王府当时的崇高地位。安西王阿难答在信中陈述了修建《延厘寺》的原因、耗资、建筑规模等过程：安西王感恩于世祖忽必烈和皇后，要修建一座寄托他情思的寺院，选址就在"六盘兴隆池园"，与王府不远，这里是一处环境优美的地方。建寺耗资黄金二百五十两，钱币五万贯；食用粮食一千四百五十石。建筑样式和规制，"以都城敕建诸寺为师而小之"，与北京皇家敕建寺院一样，就是小一些而已。修建的过程由安西王府王相来主持，"始于元贞丙申者，成于大德癸卯"，经过八年的修建，现在已告竣工。在安西王阿难答看来，修建如此浩大的寺院，不"托于金石"便无以传世。主人的意图是清楚的，就是请姚燧一是题写"寺名"，二是撰写碑文。然后，由集贤院的集贤学士刘悬书丹，请征士（旧时经朝廷征聘而不肯受职的隐士）萧氏刻碑。同现代人撰文、书丹、刻碑立碑的程式是一样的。

姚燧读毕安西王阿难答的大涵，敬受而伏思：当今文坛大手笔之人如云如林，为何要他来题写寺名并撰碑文？因为他在至元十二年，即他38岁时做过安西王府的文学（类似于太子或王府教官之类），此时他侍奉过安西王忙哥剌。不久，授奏议大夫兼提陕西、四川、中兴等路学校。姚燧曲指数来，在秦王府的日子已是30年前的往事，每每念及，怎么能不感慨。其实姚燧提督陕西、四川、中兴（宁夏）学校，实际上与安西王府当时管辖的地域范围是一致的。

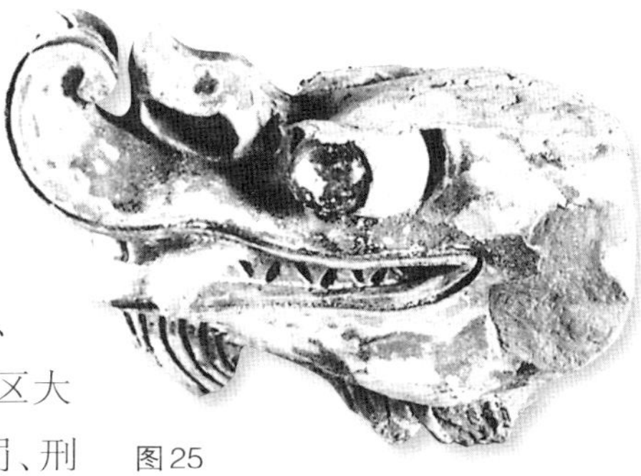

姚燧描述了长安安西王府建筑的华丽，"名王雄藩无有若是"者。特殊时期安西王府，管辖陇东、甘凉、蜀地、羌地等，西部地区大多皆在辖境之内；军事、赏罚、刑

图25

119

图26

威、商贾、赋税、盐铁等皆隶属于王府。尤其是诏益封秦王后，绾两枚金印，一藩二印。府邸在长安者为安西，在六盘者为开城，皆听为府邸。费用不足时取之于朝廷。自至元九年（1272年）置王相府，到安西王忙哥剌逝去，前后七年时间。姚燧说"岁七年而弃其国"，时间当在至元十五年，与他撰写的《李德辉行状》载安西王死于至元十五年十一月是一致的。至元十六年（1279年），朝廷封忙哥剌长子阿难答继任安西王。但安西王忙哥剌死后第三年朝廷罢王相府，安西王府的地位就不同于从前。姚燧追述了安西王府最兴盛的时期。

盛夏时，关中自然不如六盘山凉爽。缘此，姚燧追忆过六盘山的凉爽，也追溯过六盘山的来历——"略畔道"。隋代义宁中置乐蟠县，"既伪略畔矣"。六盘，"又乐蟠之伪"。当然，他不会过多纠缠地理意义上六盘山的演绎。在姚燧的经历中，开城辖境是介于中原与边地的地方，平时蓄息马牧，战时出将带兵防御，没有定制。由此可看出，当时开城是畜牧繁盛的地方；生态尚好。姚燧最倾心的还是成吉思汗选定六盘山，元朝初年统一南宋过程中世祖忽必烈数次驻跸于六盘山的历史。姚燧似乎看到了忽必烈驻跸六盘山后、在出兵云南大理前举行的祭旗大礼，更是想到了成吉思汗、忽必烈经营六盘山地区多年，"遗泽余波"深深地浸润过的这片土地。六盘山《延厘寺》的名字是怎样来的？在姚燧看来。自己谙于儒学而未尝研究佛教，但如果佛教亦视"忠勤""孝恭"者为"善"为"福"的话，那么，佛教与儒学在教化方面可谓殊途同归。缘此，在寺院的命名上，他将宗教与山脉连在一起思考：按传统礼数，诸侯只祭祀封地内的山川。在安西王封地内，华山为西岳之尊，为安西王封地内至尊之山。"揭而宣厘，则表寺之名，莫延厘寺为宜也。""厘"字如果读"xi"，是"福"的意思，通"禧"，自然是取福、禧之意。即以华山作为标帜，寺门取华山之祠门，延及六盘山，是最为合适的，便有了《延厘寺》的名字。姚燧将安西王府的两处府邸，用华山和六盘山将它们连在一起，蕴意实在是深远。

"延厘寺"的名字有了，《延厘寺》的"铭文"所涵盖的延厘寺的建筑规模，同样描绘和抒写得堂皇宏大。姚燧曾为翰林学士承旨，为文有西汉风格，史噪一时。翻检他的《牧庵集》，会发现他的作品多为当时名臣勋戚碑传之类。可见，为安西王府新建寺院"命名"与撰写"铭文"，至少有两层意思：一是他曾在安西王府供过职，有着曾经的世事经历；二是他是当时著名学者，他所处的那个时代需要他的才情和文笔。

"延厘寺"铭文文字不长，但描写极尽姚燧之才华。"……土木之工，雕楹绘墉。朱尘绮疏，匹帝之宫。金茎一气，颉颃上下……"，整个建筑格局显出的是皇家气息。从《延厘寺》前的大柱子到楼舍的修建，从天花板的装饰到窗户的镂空雕刻，再现的是当时最高的工艺水平。镀金流银的建筑样式，可

图27

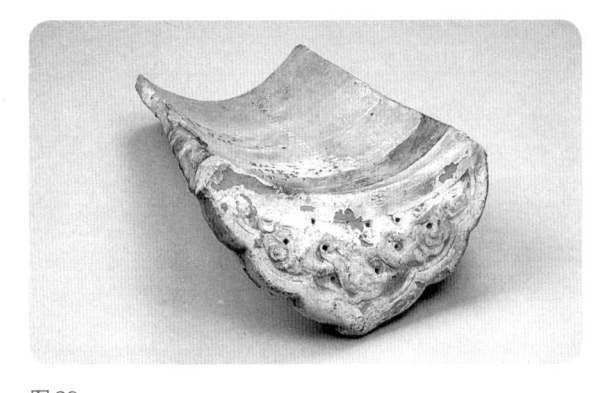

图28

与元大都北京的建筑相比。铭文里同样写到了成吉思汗、忽
必烈"帝开其先，面势略畔"的经营过程，这里不光是指《延厘
寺》建筑，应该包括对整个六盘山安西王府的修建格局：依山
（六盘山，即略畔）面水（清水河）。

　　元朝宫殿建筑，宫门是金铺朱户、丹楹藻绘、彤壁，并以琉璃
瓦饰檐脊……建筑材料为青石刻花柱础，玉石圆润，文石铺地，
丹楹饰金，并刻蟠龙，朱琐窗布于四面，内部全绘藻井……白色
琉璃瓦盖顶，檐部则用青色琉璃瓦……（沈福煦《中国古代建筑

文化史》第143—144，上海古籍出版社2001年）。开城安西王府
出土的大量遗物中，不少精美的建筑构件与元朝大都宫室建筑
构件一样。绿色的琉璃瓦、黄色的琉璃瓦、白色的琉璃瓦，绿色
琉璃鸱鹍、青石雕龙首、雕刻精细的各种青石柱础、方形立式石
柱上雕刻的高浮雕腾飞青龙造型、琉璃状变形怪兽、琉璃状龙
首、龙纹瓦当、琉璃状人面怪兽，雕凿十分精细传神的青石龙造
型建筑构件……这些建筑构件再现的是当时安西王府皇家宫
殿式的建筑风格，与安西王忙哥剌当时的特殊地位是一致的，
也与姚燧笔下的记载吻合。至于精细处的工艺，诸如金铺、朱
户、丹楹、藻绘等均于元朝北京宫殿建筑装饰没有太多的区别。

　　六盘山安西王府建筑群，在姚燧笔下是"八稔成绩，岿然
都城"。"八稔"虽指《延厘寺》修建所花的时间，但"岿然都
城"却是从安西王府建筑群意义上说的。安西王府建筑虽然
毁于数百年前的大地震，留给后人的仅是遗址和残留在遗址
上的度金流银的建筑饰件，但我们从姚燧的《延厘寺碑》及其
文字里，其辉煌的程度和建筑格局能够看得清清楚楚，他是研
究安西王府建筑的第一手史料。

安西王府的衰落

　　1278年，是元朝至元十五年。这年的十一月，安西王忙哥
剌逝世。忙哥剌过世后，由他的儿子阿难答袭封安西王、秦王
爵位。1280年，朝廷撤罢了安西王府的王相府。王相府的撤
罢，使得王府的地位和权力发生了根本变化。

　　首先，是由于蒙元统一南宋战争的结束。六盘山安西王府
的鼎盛时期，是统一南宋战争的时代。当攻占四川、统一南宋之

后,它所肩负的特殊历史使命已经完成。忙哥剌时期,安西王统辖的地域包括现在的陕西、四川、青海、甘肃、西藏等全部,以及山西、云南、内蒙古等省区的部分。伴随着统一战争的结束和安西王忙哥剌之死,原隶属于安西王府所辖的属地大为缩小,被陆续设立的陕西行、四川行中枢省、甘肃行中枢省所替代,原有赋税和军站也被朝廷收回;原皇室的优厚待遇也在减少。安西王府的粮饷及一切供给已不同于战争时期,好多的时候都是阿难答向朝廷申报要求赈济。这是安西王府在客观上的变化。

其次,是安西王自身的变化。阿难答承袭安西王爵位后,安西王府本身的地位也发生了根本变化,王相府一撤罢,秦王金印收归朝廷,政治地位大为降低。更为重要的是阿难答参与了宫廷皇权的争夺。1037年正月,元成宗驾崩,皇太子德寿已先元成宗而死,皇位空虚。安西王阿难答是元世祖皇孙中最年长者,他参与了争夺宫廷皇位的皇权斗争。但由于各方面的原因,阿难答失败了。他的失败成为安西王府由盛而衰的转折,几乎断送了安西王地的命运。

第三,是自然灾害的影响。1306年八月,开城大地震,王宫及官民庐舍皆荡平,仅王府就压死五千余人。地震灾害,不但给人民生命财产造成重大损失,安西王府的宫殿建筑也遭到毁灭性破坏,辉煌一时的安西王府遂几近废墟。后人感知当时王府的华丽建筑,只能在元代人姚燧的笔下去体悟。

王府与藏传佛教

大约在至元初年(1263年前后),忽必烈已经信奉藏传佛教。皇子忙哥剌自幼奉父皇之命学儒,但从他的名字来自"梵文幸福"之意的情节看,他应该随父母信奉了佛教(李治安《忽必烈传》第595页,人民出版社2004年)。忽必烈皈依藏传佛教,对忙哥剌影响很大。1275年八月,国师八思巴为皇子安西王忙哥剌写《皇子忙哥剌父母造广、中、略三种槃若及华严经的说明》;第二年七月,又为忙哥剌写《授皇子忙哥剌之教戒——吉祥串珠》。这些都说明忙哥剌与藏传佛教的关系。

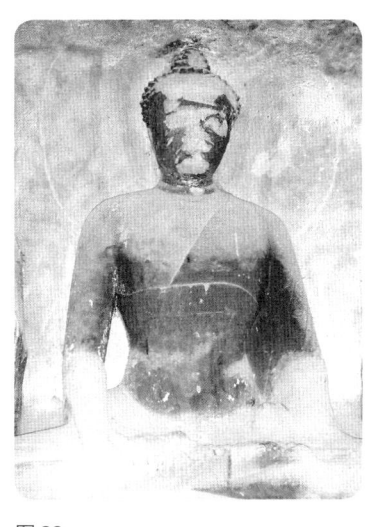

图29

　　安西王忙哥剌时期,正当他的父亲、元朝的建立者忽必烈执政时期。在宗教文化信仰方面,忽必烈以藏传佛教萨迦学派的代表人物八思巴为"国师",以藏传佛教作为全国的宗教信仰而尊崇。在这个文化背景下,安西王忙哥剌同样受这种时代宗教文化的影响,对藏传佛教十分推崇,就连他的王相府重臣商挺都皈依藏传佛教。历史远去了,但当年安西王忙哥剌留在崆峒山上的宗教文化遗迹却传了下来。由《创修崆峒山宝庆寺记碑》文字(《崆峒山志》),我们仍有看到安西王忙哥剌的宗教信仰和宗教思想。

　　忽必烈信仰藏传佛教,早在他受命专征云南大理前就已经开始。及建立元朝后,更是对藏传佛教尤其推崇,对他的皇子影响巨大。至元九年,即忽必烈建立元朝的第二年十一月,分封皇子忙哥剌就藩西北,在陕西西安、宁夏固原建有王府。当时,忽必烈以八思巴为国师,统管全国各地的宗教。忙哥剌受封安西王后,当他离开大都前往王府时,作为统辖西北、西南大片土地的亲王，在宗教文化方面他同样非常重视藏传佛教的信仰。据商挺撰写的《创修崆峒山宝庆寺记碑》看，离京时有国师的叔父檠里吉察思揭兀相随，重臣商挺也以受戒弟子的身份相随，到六盘山下的安西王府从事藏传佛教的宗教活动。

　　商挺，原本是忽必烈建立元朝之前幕僚班子的重臣，官至参知政事，枢密副使，至元九年（1272年）为安西王相。商挺何时皈依佛门，已没有史料来说明，但从他撰写的《创修崆峒山宝庆寺记碑》看，在元朝建立前就已经受戒于檠里吉察揭兀。商挺随安西王忙哥剌来到六盘山下的安西王府，除行施王相的职权外，还肩负着宗教传播的任务。在安西王府，商挺"旦夕持诵，修作佛事。小心精进，不懈益虔。安西王及妃逊多礼、世子阿难丹、帖古思不花阿董赤公主讷论普演怯力密失，咸受戒于商，师事之为谨。商请居平凉之崆峒山建设道场……"。商挺虔诚信佛，诵经不懈，安西王与王妃、世子、公主等都以"师事之"。这与忽必烈在朝中的做法是一样的。道场，原本是指"佛陀"成道之处，后泛指僧家诵经行道的场所。崆峒山，为天下第一道山，在这里建寺礼佛，自然是商挺等人所看重的。在崆峒山佛教文化发展过程中，檠里吉察揭兀和商挺都是著名的僧人，也是宁夏宗教文化发展史上的著名人物。

　　忽必烈建立元朝后，任用藏传佛教学派领袖八思巴为国师，设立总制院，负责管理全国的宗教事务和西藏地方事务，这是忽必烈创立的一种全新的宗教制度。皇室亲王受封治理地方，也同样要按照这种宗教体制来实施。安西王忙哥剌受封后来到六盘山下的王府，除了宗教人士外，像商挺这样的政府高官皈依受戒后，也要伴随在王府，是一种双重身份。安西王忙哥剌、王妃和王子等王府上层的人都以商挺为师而在六盘山下的王府受戒，正式皈依宗教。

由商挺提议、安西王出巨资修建的宝庆寺，经过数年的修建，于1278年秋天完工落成。整个殿阁宏伟，金碧灿烂。安西王和王妃亲往平凉崆峒山宝庆寺上供拜祀，"周视规制，嘉靖其精敏，特授陕西、四川、西夏等路释教统摄，仍刻银比三品界之。"此时的陕西、四川、西夏等路，都是安西王所辖的地域范围，当时的安西王和他的王相府，正是安西王历史上权力最大、最为辉煌的时期。安西王将这些管理统辖宗教事务的人，授给三品银印，彰显的是安西王忙哥剌时期的特权。

　　1278年秋八月十八日商挺的这通碑记，记载了700年前一桩鲜为人知的宗教文化活动，也使我们看到了元代宗教及其在六盘山安西王府的绝对影响。

定戎寨盐池

定戎寨，是西夏时期的堡寨，即现在的干盐池，位于今宁夏海原县城西40里处。丝绸之路正穿越定戎寨（堡），向甘肃靖远县延伸，在双铺交汇。因此，汉唐时期的定戎寨不仅是丝路通道，而且有经济效益在其中。

盐是人们生活的必需品，也是国家税收的重要渠道之一。春秋战国时期，各地的盐业生产就已经相当发达，其获取食盐的途径也是多种多样。《周礼·天官·盐人》里记载："盐人掌盐之政令，以共（供）百事之盐。"同时，已经有负责管理盐业的机构和官员。秦统一后的两千多年间，历代政权大都实行盐业专卖政策，由国家统一经营，尤其是遇有战争的特殊时期。正缘于此，盐与历代战争关系密切，由盐生成的各种文化现象更为丰富。有关宁夏盐池产盐情况，我在《宁夏历史文化地理》一书中有过轮廓性叙述，但对于海原县干盐池盐湖却是一笔带过。实际上，研究宋夏战争，干盐池食盐在当时的特殊作用是不能疏忽的。海原县干盐池正当丝绸之路东段北道必经之地，与历史上的盐茶马贸易直接发生过关系。这里所产食盐，在汉唐时期就有一定影响，宋夏对峙时期，表现得尤为突出。世纪之交，因参与《固原军事志》撰写，有机会专程考察过这里。

盐池与军事

"戎"与战争有关。"祀"与"戎"国之大事。定戎寨周围有几处古城址。登上定戎寨古城墙，四野所及就是空旷的盐池盆地中心的内陷湖泊。相对准确的史料记载，盐池总面积950亩，实际产盐面积300多亩，建有盐田晒场630处，年产盐75

至180万斤（刘华编校《明清民国海原史料汇编》第145页，宁夏人民出版社2007年），这应该是民国时期的数据。干盐池，也有写为甘盐池的，从地理环境看，干盐池可能准确一些，说"甘"是从盐自身说的，取其清醇之味。干盐池的名字，可能是明代以前约定俗成，《明实录》里已以干盐池名字相称，兴盛期是汉唐时期的河池，宋元时期的定戎堡盐池。同时，干盐池的名字也反映了明代以后、主要在清代中期以后池盐的逐渐衰落，与盐湖的衰落和自然环境的变迁有关。池盐生产，原本是靠湖水的晒凉来完成的，湖水没有了，盐的生产自然就无从谈起。由"河池"到"干盐池"称谓的变迁，我们就可以看到盐湖的变迁。

从明清设置的盐茶厅看，政府对这里的产盐地仍很重视。究其原因，这里原本是天然的畜牧地，明代盐池周围大片的草场变成了韩王的马牧草地，而盐池处在草地中枢，盐又归政府经营。

由于战争的缘故，明代干盐池已经是一处专门储备食盐的仓库，政府在这里设有负责管理盐仓的"仓官"，筑就了较大的城池。这里是蒙古民族南下出没的通道，防务尤其重要。宋代为有效管理盐池，在这里修筑周围4里的定戎堡城，驻防军队护守。明代同样派兵防守，在保护盐池的同时，还要防御游牧民族南下。清朝顺治年间，设置负责盐池管理的盐茶厅机构，"盐茶同知"专驻固原州城，负责池盐茶马事宜的管理。县级建制雏形逐渐形成。

制盐业分为海盐、池盐、井盐三大类，海原干盐池属于池盐，乃自然天成。

战国以来，干盐池池盐已经引起了人们的关注。汉代，干盐池是西北地区有影响的产盐地。汉武帝时下令收盐铁为国家经营,在中央设盐铁丞,在地方设盐官和铁官,垄断对盐和铁的产销。盐是暴利,很快能改变国家的财政状况。汉武帝拓地开边,需要大量的财政经费支持。为有效反击匈奴民族的入侵,汉武帝在宁夏南部固原设安定郡之后,干盐池的食盐生产纳入国家统一管理。反击匈奴的重大军事行动及其过程,干盐池食盐同样为国家提供了财政支持,尤其是处在边地的盐池。

安定郡设置后,政府已在产盐地设有管理机构和盐官。在《中国盐业史·汉代郡国盐官设置表》里,安定郡三水县设有盐官。认为三水县,即现在的固原市原州区(固原县)。"今固原县并不产盐,而汉时于三水县设盐官,疑亦系转运机构。"(曾仰丰《中国盐政史》第90页,上海书店1984年)汉代三水县,安定郡所辖,是现在同心县的地域。同心县西部与海原县干盐池相依为邻,或者在汉代三水县的隶属关系中,干盐池盐湖就在三水县的管辖范围之内。因此,三水县设盐官,与干盐池池盐应该有直接的关系。

唐代开元元年(713年),政府派姜师度检校全国的盐铁之课,开始正式征取盐税。安史之乱后,肃宗乾元元年(758年),第五琦任盐铁使,开始变更盐法,对海盐、池盐、井盐一律实行官榷,严禁盐私制私买,盐户都有生产定额。这样,朝野对盐的生产和买卖都非常谨慎。干盐池是唐代较为重要的产盐地。由唐代产盐地分布图看,宁夏盐池、灵州是著名的产盐地。之外,会州也是主要产盐地。《新唐书》卷五十四载:"会州有河池。"这里的会州,可能就是海原的干盐池。研究池盐的学者也这样认为:"定戎寨盐池很可能就是五代以前的河池。谭其骧主编的《中国历史地图集》第五册所标唐代会州会宁县(治所在今甘肃靖远县)河池,与第六册所标宋代西安州定戎寨(今海原县干盐池二者位置基本一致)(吉成名《论宋代池盐产地》，四川理工学院学报 2008 年 6 期）。地方志书里记载："池盐开采，本县采盐历史悠久，唐时即有'河池'，在今盐池乡境内。"（《海原县志》）《中国盐业史》里也认为："西安州盐池，大约在宋代的会州与西安州之间，或许即今靖远与海原之间的'干盐池'"。这是对的。

汉唐政治中枢在西安，古代北方相对多盐，国家实施榷盐政策，是财政和战争支撑的重要经济来源。因而对盐池之利非常重视，隋唐时期盐池名较前代为多。《新唐书·食货志》载："唐有盐池十八"，关内道盐池竟占了 13 处之多。较著名的大都在宁夏境内，如盐州五原（盐池县附近）的乌、白两池，灵州回乐温泉盐池（温池），会州河池（干盐池）等。唐代后期，要求灵、盐、会诸州"输米以代盐"，即利用盐利转输粮米以赡边储。唐代后期，这些盐池都相继陷入吐蕃，直到大中四年（公元 850 年）才回归于唐。

唐代实行榷盐法以前，对盐池经营大抵采取两种形式：一是由国家设置盐屯，有民屯和军屯，由屯丁和屯兵从事食盐生产，由军队看守保护盐池。一种是由个体盐户"租种"池田并向国家纳税。宁夏灵、盐、会诸州盐池邻近边境，利于官府，由军队兴建盐屯，这是干盐池开发的重要时期之一。《唐六典》卷七记载：会州有"盐屯七屯"，就是当时干盐池盐业开发兴旺的象征。

安史之乱后，由于筹集军费的需要，盐业带来的财赋又一次被政府所看重。再加上肃宗灵州（灵武）即位，说明与主掌关内盐业的朔方军有着密切关系。盐在战争之际，对于国家和政府的意义空前突出。第五琦任命为盐铁使，正式颁布盐法。一段时间，宁夏境内的盐池成了唐政府与吐蕃争夺的对象。可见，宁夏境内的几处盐池与军事和战争关系密切。

宋夏时期的盐池

宋西夏之间的战争冲突在百余年间时停时起,除了其中的政治与军事等主要原因外,盐池的争夺应该是宋朝与西夏边界冲突的重要原因。

食盐专买收入和盐税收入,是宋朝的重要财源。因而盐业生产就受到特殊重视。从事池盐生产者有一个专门称谓——畦户,实行完全的官营。《宋史·食货志》记载:"垦地为畦,引池水沃之,谓之种盐,水耗则盐成……岁二月一日垦畦,四月始种,八月乃至。"干盐池的盐生产,就是利用垦畦的方式。畦户田附近百姓轮流充当,每年或每三年轮换一次。这里的池盐主要用于大量驻军的开支,具有重要的战略意义。

《宋史·地理三》载,秦凤路所辖一府、十九州、五军、四十八县,包括其后增加的积石、震武、怀德三军,西宁、东、廓、西安、洮、会六州,池盐产地只有西安州定戎寨一处。这实际上把历史上会州产不盐的问题也从另一个层面界定明白了。

西安州,即今宁夏海原县西西安镇。西夏大军攻占天都山后,西安州所在的干盐池为西夏所有。干盐池就在天都山身后,这种现状持续了近乎60年,这里的盐池为西夏所经营。元符二年(1099年)七月,宋军才攻占这里,并于碱隈川择地筑寨。月余寨成,宋朝政府将其命名为"定戎寨"。碱隈川的名字是西夏人叫的,他们称"盐"为"碱",称低洼处为隈。"定戎寨"的名字是宋朝人叫的,他们用传统的视角看西夏人,以"戎"相称。《长编》卷514有记载,说这里"有盐池长十里,产红盐、白盐,如解池可作畦种云。"干盐池的规模较大,产盐的品种较多，生产盐的方式——畦种，与山西河东盐的生产方式一样。宋朝在这里筑寨防守，除军事原因外，主要就是为了这里的食盐。西夏驻军天都山，除了交通等军事原因而外，利用和占据盐池也是西夏人的目的。

西安州干盐池池盐情况，宋代人方勺在他的《泊宅编》中有一段记载：西安州"西至流沙六日，……又二日至西海。水味不甚咸，中有颗盐，大者三四斤，其色红莹，军中以和食饮。""西安州有池产颗盐，周回三十里，四旁皆山，上列劲兵屯守。池中役夫三千余，悉亡命卒也。日支铁钱四百，每多盗盐私贸。盖绝塞难得盐，自熙河、兰、鄯以西，仰给予此。初得此地，戎人岁入寇。今则拓地六十里，斥堠尤谨，边患遂绝。"（方勺《泊宅编》卷中，中华书局1983年点校本）。

这里记载的是宋朝取得西安州盐池的经营情况。这里所说的西安州盐池，就是定戎寨盐池。周围长达30里，"池中役夫三千余"，可见定戎寨盐池生产规模之大，正好应了《唐六典》卷七记载：会州有"盐屯七屯"的记载。宋朝政府对干盐池非常重视，在盐池的四周派驻了军队。

宋夏时期的西安州盐池，在唐代曾隶属于盐州（盐池县）所辖。西夏取得盐池后，曾在这里筑城管理。熙宁开边以来，宋朝军队屡屡试图夺取盐池。1099年取得盐池后建西安州，以有效管理盐池。崇宁三年（1104年），宋将折可适率军驻扎渭州，又进一步"扩展西安城，增置定戎寨，广平夏城，为怀德、安兴、定戎盐池，岁得盐七十万石。"（《淮康军节度使上柱国折公墓志铭》，《中国盐业史·古代编》第388页，人民出版社1997年）。崇宁年间，是西安州盐池开发的主要时期，但大多在战争状态下。

金国占据西安州后，由于各种利益的纠葛，金国于皇统六年（1146年）又将西安州赐还给西夏。宋朝政府之所以要夺取西安州盐池，并且派大量的军队防守，是因为这里生产的食盐，解决了熙河、兰、鄯诸州以西的食盐供给问题。《中国近代手工业史资料》一书中有"制盐业"的记载："凡池盐字内有二，一出宁夏，供食边镇。"这里的宁夏包括海原干盐池，历史上的池盐就供于边镇，主要是军事方面，大量的食物贮藏技术都是军人发明的，是用盐来完成的，尤其是戍守边地的军队。

西夏人经营西安州盐池与宋朝一样，西夏非常重视盐业生产。对于西夏来说，西安州盐池要比北部盐池的规模小，但他们同样经营得很尽心。在管理上也设置盐铁使，在盐户的分配上，"岁调畦夫数千人"来着力经营。青白盐不但是西夏控制周围各民族的经济手段，也是西夏人以盐与邻近蕃汉民族交换所需谷物及其各种用品的重要形式。

元朝，与宋朝不一样，没有北面的战争，军事平稳。但元朝同样加强对盐业的控制。食盐实行商运商销，官运官销的形式。安西王治理陕西期间，陕西、宁夏等地的盐池都属于安西王府所辖，食盐的经营也属于王府。干盐池盐亦随之输入王府，经营上相对松散。安西王府的政治生命结束之后，随着元朝政权的腐败，盐法屡变，弊端逐渐增多。

盐文化的影响

有人研究过，中国古代文字里的"盐"（繁体字），是由三个部分构成的象形字。下面的部分象征着器具，左上方臣字，意为君主时代的官吏；右上方意为盐水。"盐"这个字的写法显示盐的生产是由国家控制的。

公元前一世纪，古希腊的地理学家斯特拉博，就已经描述了位于盖朗德的盐场。纵观中外的历史文化经历，每一个地方的历史都与盐有关，无论是迁徙民族还是游牧民族，都与盐池尽可能地靠近，就连长途行走在人迹罕至或沙漠中的驼队，也要考虑行走路线与盐的供给。游牧民族的路线不仅以水源为依赖，而且是以盐的资源为基础建立起来的。随季节变化而迁徙的游牧民族所走的路线，与盐道的走向是一样的。（［法］皮埃尔·拉斯洛著、吴自选、胡方译《盐：生命的粮食》，百花文艺出版社2004年）可见，中外盐文化的背景基本相同。丝绸之路，是文化之路，丝绸之路穿越的千年古道，也与盐池有着密切关系。宁夏黄河以东古朐衍县的设立就与境内盐池有关，北方少数民族南下途经盐池地，除了地理环境和条件外，盐的获取是一个重要方面。

　　盐在古代，一直是稀罕、昂贵的商品，称之为"白金"，因为定居民族和游牧民族对盐这种营养物质都有基本需求。缺盐的地区，盐的价格自然就像黄金一样。人类早期定居地方，也是与盐资源有联系的地方。历史上，北方游牧民族南下，在宁夏境内都要考虑战马的盐用问题。黄河以东有盐池、灵武的食盐，贺兰山、六盘山相间，就是海原干盐池的盐池了。丝绸之路上的驼队，他们行进在绿洲与沙漠之间，同样要考虑保持盐路的畅通。丝绸之路在宁夏，汉唐时期的长安——凉州道，海原干盐池就是丝绸之路东段北道的必经之地，这除了地理意义的多元价值外，依赖于这里盛产的食盐也是一个重要原因。宋西夏时期的长安——灵州道，实际上也是如此，交通意义与食盐的获得二者皆备。同时，盐池不仅为丝绸之路上的商队运输工具提供了生存方便，而且通过丝绸之路，这里的食盐也与其他货物一样开始流通。盐业贸易非常重要，盐路同样促进地区间的经济交流,同样促进文化交流。直到20世纪,食盐才显得十分普通了。

从世界意义上看,考古学家认为人类最早的定居点在海边,因为在那里只要在阳光下通过简单的蒸发就可以提取海水中的盐。后来专门从事盐业生产的劳动力出现以后,最早的定居者移居内陆。如果这个观点可以立得住脚,那么海原干盐池——内陆的盐湖,在人类生存和发展过程中的作用和意义就非常之大了。通常意义上,中国最早发现并利用的自然盐之一就是盐池,中国的历史与文化,从一开始就与盐有关,"盐神"与"盐庙"的出现,就能说明盐与中国文化的悠久关系。宁夏盐池县博物馆藏明代铁香炉,是明代池盐生产与"盐神"祀崇的象征。

盐与政治的关系非常密切。战国时期,齐国的"能臣"管子,就把盐铁的经营权从私人手中夺了过来,实行禁榷制度,盐由国家专卖。在国外也是一样,他们依靠盐税作为国王军队的支出,盐税就相当于王权。有一种说法,黄帝与蚩尤涿鹿之战的背景,也是为了争夺盐池,这是历史早期的典型。历史上的许多战争,就是为争夺盐场、盐业贸易而发生的。战争的结果,不断地使草原文化与中原文化进一步融合。

元明以降,宁夏以南的固原大片土地都成了草场,海原的大部分原本就是天然牧场,适宜于畜牧放养。这除了草场以外,盐池起着重在作用。因为草场上和迁徙牧放的过程中,必须提供牛羊可以舔盐的条件,哪怕是盐沼里的土盐。

明代,西安州干盐池仍是蒙古军队南下掳掠的通道,也是茶马贸易的地方。这里的盐池,实际上仍由军队管理,不定期有中央政府派遣的巡盐御史来这里巡视。与前代不同的是,明代加大了对盐池的管理,在这里设置了盐茶同知(或称监牧同知），丞署在固原州城内。户部尚书杨鼎撰写的《干盐池碑记》里，写了盐池的重要与盐池贸易的情况，是在军事与战争背景下生产与贸易的地方。清代中期以后，西北边境相对平静，吉兰泰等盐场的大规模开发，干盐池食盐逐渐淡出重要产盐场之列。但清代沿袭明代之制，与顺治三年（1646年）置盐茶厅，设盐茶同知掌理盐税和茶税事务，仍置官府于固原州城。乾隆十三年（1748年）盐茶同知移驻海喇都（海原县前身）。由明清时盐茶厅同知的设置，我们仍能看到政府对干盐池盐场的重视。

清末民国以来，干盐池无论产盐的自然环境、产盐的总量的多少、盐的质量的变化等都已失去了昔日的辉煌，但地域意义上的盐池依然显现着它独特的作用。干盐池不但有古老的城堡，而且有林立的店铺，云集的商贾，历史传承下来的盐文化的积淀的余脉仍存。因此，无论如何，海原干盐池在历史上的作用和意义都是不能低估的。

千年古城

经过定戎寨时，就想起十多年前的一个夏日。当时，我随固原军分区军事志办的军人同去寻找丝绸古道上的海原定戎堡古城。海原县志办的刘华、杨少峰二位先生相陪，既是我们的解说，也是我们的向导，我们径直往定戎寨古城而来。车子离开公路，拐进坑凹不平、布满石头的便道，远远就看见了定戎古城。它是宋夏战争的产物，筑于宋代元符二年，即公元1099年，已近千岁。千年的古城，让后人去感悟它，是颇多感慨的。

此城位于盐池乡政府东侧，堡寨呈长方形，开北门；地势东南高，西北低，大致是依山临川。登上残存的古城墙，向西北、

图30

东北方向俯视眺望,盐池地形尽收眼底:一个完整的小盆地。
我想盐池的名字,除了盐湖之外,"池"恐怕与"盆"状地形有
关,或者是由此而来的。盐池盆地不小,你要想看它的尽头,似
乎也不大容易,因为远处被淡淡的烟岚所笼罩。千年的古城,
岁月依附在它身上的故事太多,汉唐时期中西文化的使者、商
旅、僧人、文化人……穿越古丝绸之路的景象它虽未能目睹,而
宋代以后的战火硝烟、互相侵轧的战争场面它却是见证人。

　　看脚下的城墙,用"残垣断壁"来形容是最恰当的。虽是
炎炎夏日,但阵阵轻风吹过,仍能生出些高处不胜寒的感觉
来;城墙上摇曳的小草,依旧让你体悟出地老天荒的滋味。古
城周围的山峦没有一点绿意,荒凉得让人心碎。唯以得到慰
藉的是古城里绿油油的庄稼和守护这座古城的人家。此刻你
会觉得古城外围是一个世界,城里的小天地又是另一个世界,
城里如同沙漠中的绿洲。据守护在古城里的主人讲,城里出

土过不少建筑构件,汉唐时期的钱币等。我想,这里的泉水不枯,生命就会延续。

距定戎寨古城不远处,就是明代干盐池新城,是相对于旧城定戎寨来说的。我们爬上城墙,城池很大,位置紧要,是防御蒙古兵锋的重要通道,也是西安守御千户所的外围驻军防守之城池。

追寻丝绸之路文化

.

丝绸之路上的状元康海

明代，略大的城市里都有标志性建筑鼓楼。鼓楼，原本是指城隅上置放特大型鼓的楼房，用以报时或警戒盗贼。佛寺所设鼓楼，与钟楼相对，建于正殿的左右，用于悬鼓报时，或于典礼时敲击。到了唐代，张说始设鼓楼于京城之内。往后的演变，作为一种建筑样式，鼓楼便与城市融在一起，成了一种权力和地位的象征。

固原钟鼓楼，自然是固原历史上的一大著名建筑文化景观。梁思成先生在他的《中国建筑史》一书里，将明代大同城钟楼建筑造型的照片收入书中，并有考察文字说明："平面三间，正方形，高两层，檐三重。上层周围绕以腰檐平坐上做九脊顶。下层斗拱单杪重拱，每间补间铺作一朵；平坐双杪重拱，上檐单杪昂重拱，当心间用补间铺作一朵，稍无间。腰檐斗拱特小，单杪重拱，每间补间铺作两朵，志称钟楼建于明，今考其全部结构手法，与城楼诸多相同，想当时所建也。"明代大同、固原二镇，皆为九边重镇之一，只是固原为三边总督驻节之地，城市格局要高于大同。借梁思成先生对大同钟楼的考述，旨在说明和参照固原鼓楼建筑。《嘉靖固原州志·固原镇鼓楼记》，记载了明代固原钟鼓楼的修建与扩建的历史。同时，也较详尽的载记了钟鼓楼的建筑型制。明代正德五年（1510年），由驻节固原都察院右都御史、陕西三边总督张泰在任时主持扩建。建成后的钟鼓楼，不但是陕西三边总督总制军事地位的象征，也成为宁夏南部固原城市建筑的一大人文景观。固原钟鼓楼，一直是历代文人和官员登临凭吊或借以倾思壮怀的对象，明清两代驻节固原的文武高级官吏，大都以钟鼓楼为寄托对象留下了描写并赞颂钟鼓楼的诗篇。

就是这座雄伟的鼓楼建筑,却与明代大学者、状元康海结下了情缘。

康海,陕西武功人,弘治十年(1497年)状元,授翰林院修撰。明代古文运动"前七子"之一。考察古代文化,地方重要建筑或重大文化活动凡载入史册者,大都要请当代有声誉和地位的文化名人来撰写碑文或其他纪念性文字,《固原镇鼓楼记》就是这样形成并传世的。依《固原镇鼓楼记》的文字看,公元1510年,张泰始任驻节固原陕西三边总督,1512年秋动工修建,一年之后的正德八年(1513年),固原镇鼓楼重新修扩建工程竣工。为将这一历史事件记载并传之后世,张泰遣人呈文于康海,旨在"请记其事,刻之坚石,将贻永久。"呈请文字是由康海的学生徐尚文送达的。早在张泰出任固原陕西三边总督的那一年(1510年)八月,发生过一件震惊朝野的大事:左右朝政的大宦官刘瑾事败被诛杀。明代中叶,宦官专权,党争剧烈,康海为人耿直,敢于直言,却"义不附党",他的陕西同乡、权奸刘瑾数次请他出山委以重任,他都直言拒绝。然而,为营救户部官员、他的挚友、前七子领袖李梦阳,他却义无反顾地找刘瑾为其陈述冤屈之情,希望刘瑾能网开一面。李梦阳是得救了,但刘瑾案发后,有人上折弹劾康海与刘瑾为同党,因受陷害而被落职回乡,终老田园。据《康海年谱》记载,《固原镇鼓楼记》是康海贬官后,于1513年10月19日在故乡的浒西别业撰写而成的。

康海离开官场后,再没有回归庙堂,云游名山大川,与文人接交唱和。转眼10载之后,杨一清再度出任固原陕西三边总督。杨一清是康海的老师。

杨一清(1454—1530),是明代的著名政治家和学者,有《石淙诗稿》等传世,也是官至内阁首辅的朝廷重臣,更是谙熟西北马政和军事防务的军事家,曾三次出任固原陕西三边总督,他出将入相，为四朝元老。这期间，他写下了不少描写明代宁夏战争风云和自然地理环境的诗文。早在1491年，杨一清以提学副使的身份为官陕西，创建正学书院，选拔各地学校优秀学生来这里读书，并亲自督教。八年之后，杨一清离任至京城为官。康海正是杨一清提学陕西时期在正学书院最受教益的学生。

嘉靖三年（1524年），因边境多有战事，朝廷谏官言："臣谓今内阁可无一臣，而三边不可无一清。"这里的一清，就是指杨一清。明世宗遂诏以杨一清以太傅、太子太傅改兵部尚书、左都御史，第三次出任陕西三边总督，尽管杨一清以自己年迈多病为由两次上疏恳辞，但得到的仍是皇帝"谅不以内外劳逸为轻重"的貌似安抚实为威吓的御批，他不得不接受第三次出任固原陕西三边总督的使命，再次踏上了大西北的征程。这一年，杨一清已是七十有一的老人了。长诗《开府行》，是杨一清20年间三次驻节固原的时空变化和对人生去若露的感慨，同时也描写了三边制府固原的边塞风光——雄壮和苍凉。"当年从公至关道，我是壮夫今已老"，当年正处盛年，而今已成老翁，山河依旧，自己却两鬓霜染，伤感悲凄从心中生。"部将生儿还拜将，部卒亦复称将军"。难怪边镇将士们听说杨一清要回来了，个个欢呼雀跃。

杨一清第三次出任固原陕西三边总督时间不长，但在任期间却做了一件大事——重修固原镇鼓楼，时间在公元1224年。鼓楼重修后，杨一清写了一首《题固原鼓楼》诗，《嘉靖固原州志》有记载。《万历固原州志》题名为《固原重建钟鼓楼》：

（一）

西阁风高鼓角雄，南来形胜依崆峒。

青围睥睨诸山绕，绿引潺湲一水通。

攻壤有歌农事足,折冲多暇虏尘空。

登楼不尽筹边意,渺渺龙沙一望中。

(二)

设险真成虎豹关,层楼百尺枕高寒。

重城列戍通三镇,万堞缘云俯六盘。

弦诵早闻周礼乐,羌胡今着汉衣冠。

分符授钺知多少,谁有勋名后代看。

  杨一清既从鼓楼建筑的审美视角来观照,又从军事意义上来描写,极写鼓楼的高耸奇险,而且以鼓楼代指固原的军事地理位置,更是揭示了宁夏历史文化发展过程中曾经的特殊背景。

  固原鼓楼重建后,杨一清想到了他那个赋闲在家的状元弟子康海,要请他写一篇重建后的《固原镇重修鼓楼记》。康海应老师杨一清之邀,于明代嘉靖四年(1525年)三月十八日撰就了《固原镇重建鼓楼记》碑文。对此,韩结根先生的《康海年谱》里有记载:三月十八日,撰《固原镇重修鼓楼记》,记见《康对山先生集》卷二十六,末署嘉靖四年,这一年即1525年。但翻检康海文集《对山集》,却没有这篇"记",不知何故?明代《嘉靖万历固原州志》里也没有收录这篇"记"文,只是《万历固原州志》明确记载杨一清鼓楼建成后写的《固原镇重修鼓楼记》。而且,从杨一清邀请康海到固原做客的记载看,康海的确写了《固原重修钟鼓楼》的文字。

  本来,杨一清请康海撰好《固原镇重建鼓楼记》碑文之后,准备邀请康海到固原陕西三边总督府相叙,以游览宁夏山川景观。杨一清为邀请康海来固原,曾写有《与康德涵》短札,大致意思是说:起初与桑宪副已说好,令其转请德涵您到固原会叙一月，以畅叙平生之情宜。岂料，到了年底情况又发生了变化，朝廷诏杨一清还京，再次以吏部尚书兼武英殿大学士衔入阁，起用致仕兵部尚书王宪入驻固原提督陕西三边军务。杨一清回告康海说：正欲遣使奉邀来固原，而"行取之命忽下，败兴而止"。封建社会的官吏，接到调离圣旨是要马上离开原任地的。

当时，康海已离开陕西武功北上往宁夏固原而来，杨一清已知康海到了陕西陇县（当时称陇州）。但无奈中又约康海在陕西乾县（当时称乾州）与康海相会。杨一清于农历岁末即腊月二十日左右离开固原，于正月初在乾县与康海相见。这瞬间的变化，对于康海来说，游走固原便成了永远的话题，也成了一段美好的佳话，却留下了《固原镇鼓楼记》和《固原镇重建鼓楼记》两篇传世佳作，就是固原之幸了。数百年之后，后人们重新追述杨一清与康海的交游，这段经历和传世的文献早已成了地方历史文化的财富。后人们在解读宁夏历史与文化的同时，谁能不怀念这位已经上路要来固原而最终没有成行的状元康海呢？

康海行踪，仍是走古丝绸之路。虽然事情中间有变而未到，但指向是沿丝绸之路到固原。即便没有到达，却给固原留下了有影响的传世的文化遗产。

须弥山石窟艺术杰作

2011年2月21日，著名艺术家、教育家、清华大学教授、原中央工艺美术学院院长张仃先生驾鹤西去了。这位94岁高龄的老人走完了他漫长而不平凡的一生，给后人留下了太多的文化财富，为丝绸之路文化留下了别样的文化遗存。须弥山石窟，是丝绸之路在西北东部留下的著名石窟艺术瑰宝。先生也与须弥山石窟结缘。

先生的经历，报刊已经做了报道。在我的文字里，我觉得还应该再做些介绍，因为他的一生代表着一个时代。张仃，号它山，辽宁黑山人，1917年出生。1932年入北平美术专科学校国画系学习，抗战爆发后曾投身"抗日宣传队"，并以漫画为武器宣传抗日。1938年赴延安，任教于鲁迅艺术学院。之后，出任陕甘宁边区美术家协会主席。新中国建国前夕，设计全国政协会徽和第一届全国政协会议纪念邮票，负责和参与开国大典、全国人民代表大会美术设计工作；设计改造怀仁堂、勤政殿，设计天安门广场大会会场和新中国第一批纪念邮票。1950年任中央美术学院实用美术系主任、教授，领导中央美院国徽设计小组参与国徽设计。1955年参与中央工艺美术学院筹建工作，后任中央工艺美术学院副院长，1981年任院长。改革开放后他主持了为北京国际机场壁画群的总体设计，创作巨幅壁画《哪吒闹海》。1983年，为北京长城饭店设计并创作了大型壁画《长城万里图》。焦墨国画代表作品有《巨木赞》《蜀江碧》等。

他的经历，太神奇了；他的身后，留下了大量传世的文化遗产。

先生仙逝后，美术界专家学者在中国画院举行"张仃学术研讨会"，盛赞一代宗师张仃的艺术人生和虚怀若谷的人格精神，是别树一帜的大家。电视屏幕上，我目睹过先生满头银发、潇洒爽朗的神态。但未曾料及的是，先生为须弥山石窟留下的一份文化遗产，与我写固原历史文化的文字结缘。

2009年10月初的一天，接到《光明日报·百城赋》栏目余主编的电话,说我撰写的《固原赋》已通过终审,准备要刊用。同时,要我向光明日报驻宁夏站站长庄电一先生联系外,还要与固原市委宣传部门联系。他说:用稿是有推荐渠道的。同时,余主编还要我寄两张最能代表固原历史和文化的照片:一是反映当下固原城市全貌的照片,一是以国画的形式反映最能代表固原文化遗产方面的照片,到时一并刊出。我按照要求都认真做了,只是反映文化遗产方面的艺术品,我一时想不出去哪里找。犯愁的当儿,偶然想起了须弥山,想起了在须弥山上工作多年的朋友韩先生。随即打电话给他并说明来由,他说好办,有张钉先生画的国画《须弥山石窟图》,最好。

当天下午,我期待的《须弥山石窟图》,就在我的邮箱里看到了。瞬间,我在老先生的画图里,又走进了须弥山石窟。《须弥山石窟图》,是浓缩了的须弥山石窟;《须弥山石窟图》,又是艺术化了的须弥山石窟。无论你怎样审视,如何理解,这幅承载着厚重历史文化、充满着神奇艺术样式的《须弥山石窟图》,都会使你神往,让你陶醉。

《须弥山石窟图》,在充分展示国画艺术的同时,以艺术家特有的笔触勾勒和描绘了须弥山石窟的全貌:突兀的丹霞地貌山体、耸立的高大坐佛、山上蜂窝状的洞窟、点缀在山间的亭台楼阁,包括登山观洞窟的长而陡峭的台阶,台阶上游山的行人……,前山部分裸露的丹霞地貌的淡橘红色与其他山体的淡绿色相融,色泽爽丽,清雅宜人。“须弥松涛”是清代固原八景之一,先生的《须弥山石窟图》里也是着意描绘了每个山峰上耸立的松柏,似乎要把“须弥松涛”的那种“境界”画出来,让人们听得见涛声。先生去须弥山写生前,他就对须弥山的古今历史和文化已经做过较为详尽地了解。缘此,须弥山上的内容都收进了。当然,艺术有艺术的规矩。《须弥山石窟

图31

图》的右下角写有与画有关的文字，实际上是先生作这幅画的过程。1994年秋天，先生来须弥山，先后有四天的写生过程，成画是在京华。画面右下角的文字里都记载得很清楚。这已经是十多年前的事了。欣赏须弥山石窟图，你就会觉得，须弥山的自然景观和文化积淀都装在先生的记忆里，再加上他高超的艺术表现手法，便把须弥山古今都浓缩在他的笔下。

须弥山石窟有幸。张仃先生用他苍健而空灵的画笔留下了艺术层面上的须弥山，用艺术家的眼光胰润着这座一千多年的艺术石窟，为须弥山石窟留下了一份非常珍贵的传世的文化遗产。他的《须弥山石窟图》，在须弥山石窟艺术史的研究过程中，是一座丰碑。

我更有幸。2009年12月25日，光明日报《百城赋》栏目刊发了我的《固原赋》和张仃先生的《须弥山石窟图》，喜悦之表不可言状。无名之辈的文字，竟然有缘于大师艺术品的画龙点睛，深感自己很有福气。先生的《须弥山石窟图》与我的

《固原赋》文字结缘,这种"缘"是随遇而来的,弥足珍贵。我深知,先生《须弥山石窟图》里潜藏着的那种人格精神与艺术魅力,会永远鼓励自己。缘此,当看到《中国文化报》上登载张仃先生仙逝的消息时,感到十分痛惜。

有了这么一段故事,就想写下一点文字,也算是感念吧!

丝绸之路跨越地域广阔,历经时间久远,留下了数不清的文化遗产,包括曾经的重大历史事件和重要历史人物。任意择取其中的几朵奇葩,皆能彰显和折射出丝绸之路文化灿烂夺目的文化内涵和精美耀眼的文化遗产。

丝绸之路上诞生的石窟

丝绸之路东段宁夏境内有两处石窟,其艺术价值与文化内涵皆十分丰富,是丝绸之路石窟宗教文化的重要遗存。其一是固原须弥山石窟,其二是中宁石空寺石窟。

须弥山石窟

须弥山石窟为全国十大石窟之一,坐落在固原市原州区西北,六盘山的余脉丹霞地貌为石窟的开凿提供了天然石材。出固原古城沿清水河谷北上,行50余公里即抵达须弥山石窟,其身旁就是著名的石门关(古称石门水),这里是丝绸之路必经之地。

须弥山石窟初创于十六国时期的后秦和北魏,兴盛于北周和唐代,至今已延续了1 500多年在历史。须弥,原本是佛教的专用术语,认为是宝山的意思。佛教典籍中所说的须弥山高大无比,是神仙居住的地方。如此神圣的称谓落在须弥山石窟,自然增加了须弥山的神秘感和浓郁的宗教色彩。北魏和北周时期,是须弥山石窟的重要开凿期;唐代,是须弥山石窟开凿的后期,也是开凿规模最大的时期。唐代末年,须弥山之称谓已约定俗成。明代《万历固原州志》在记《重修圆光寺大佛楼记》碑文里,已直呼"须弥山"之名了。

考察须弥山石窟的得名,是有其深刻的历史背景的。北朝与北周,是丝绸之路的兴盛时期,也是须弥山石窟开凿的重要时期之一。这一时期固原地方军政权力的体现较为特殊,宇文泰是一个重要人物,他是西魏的实际掌权者,他的后人宇文邕又是北周的皇帝。由于他们父子与固原的特殊关系,自然是支持了须弥山石窟的开凿,包括对固原城的修筑。

细究起来,一是途经固原的丝绸之路的畅通以及中西文化碰撞融会的大背景;二是北魏、西魏和北周时期统治阶层的政治关照和宗教信仰,尤其是北周政权奠基人宇文泰父子对原州(固原)的着意经营,体现的是皇家意志;三是西魏、北周时期,固原本土官僚群体的影响,如李贤、田弘、蔡祐等人,他们官至州刺史一级,是当时政治舞台上的显赫人物,不但能带兵打仗,还注意发展地方文化。有趣的是李贤任敦煌刺史时,在莫高窟的洞窟就有与李贤相关的壁画存在。依常理类推,李贤能在敦煌石窟有所作为,对故乡宗教圣地须弥山就更应该有相关宗教文化的遗存。四是唐代原州政治、军事、经济、文化的繁荣和发展的直接作用。

须弥山石窟,是我国开凿最早的石窟之一,北周和唐代都在这里进行过大规模的凿窟造像活动,至今保存有历代石窟130余个。北魏以前开凿的石窟,集中分布在子孙宫区。这一时期佛造像特点:佛像面目清瘦,身材修长,着褒衣博带式袈裟,裙带覆盖于龛下;双肩稍窄,透视出秀骨清相之美。菩萨也是面目清瘦,身着对襟大袖襦,以宽袍大袖的汉族服装取代了圆领窄袖的胡服。这是北魏孝文帝太和改制在佛教文化方面的影响和反映,即是孝文帝政治改革在石窟文化方面的折射,也是南朝汉式"秀骨清相"艺术风格流传到北朝之后在须弥山石窟造像过程中的反映。

北周时期,须弥山石窟开凿主要分布在圆光寺、相国寺区域,开凿数量多,造像精美,在整个须弥山石窟造像中占有重要地位。北周的石窟样式,除了窟形与佛龛造像的变化外,北周时期石窟的装饰有了新的发展,即洞窟的装饰已按照殿堂庙宇中佛帐的形式雕刻佛龛,富丽华美。这些雕有幔帐式的佛龛,有龛边龙嘴衔流苏的画面等;壁画多为伎乐飞天、伎乐人等,他们有的吹着横笛,有的弹着琵琶,有的击羯鼓,有的奏箜篌。窟顶围绕塔柱还有翱翔的飞天。佛像底座上的莲瓣,叶宽瓣厚,古朴典雅。这种装饰性的图案和内容丰富的壁画,为观赏者提供了一个全方位的艺术视角和审美空间。

图32

　　唐代须弥山石窟造像,大佛造像具有代表性。这是一尊高
达20.6米的露天弥勒佛坐像,为武则天时期所开凿。佛像占整
座山头的上半部分,光一只耳朵就有两人高,一只眼睛足有一
人长,头部螺髻,双耳垂肩,浓眉大眼,嘴角含笑,神态端庄而慈
祥。拜大佛容颜的俗众要仰起头来看她。大佛造型比云冈第
19窟大坐佛还高7米多,比龙门奉先寺卢舍那大佛也高,因而
是全国大型石窟造像之一。如此高大的坐佛,其雕刻刀法却十
分精美,看上去给人以泥塑一样的温柔与亲近。须弥山大佛开
凿于武则天时期,完工于唐玄宗时期。就其造像艺术特点看,
与龙门奉先寺卢舍那大佛极为相似,有着女性温柔的共同特
征,这自然与武则天有关,体现的是当时造像艺术的审美时尚。
唐代禅宗理论的兴起,将人性与佛性融在了一起,表现在佛教
造像方面,即体态健康丰满,鼻低脸圆耳大,表情温和。

明代，是须弥山石窟夕阳返照时期。明英宗赐名"圆光寺"，对须弥山大兴土木，整饬修缮的同时，与明朝政府在固原设置的高层军事机构和地方政权有直接关系。明代须弥山宗教文化的再度兴盛，已不是前代大规模地开窟造像，而表现为寺院文化的繁荣。

须弥山石窟藏传佛教造像的出现，是石窟佛造像的新变化。蒙元时期，由于成吉思汗、忽必烈、安西王忙哥剌等人与固原的特殊关系，再加上他们的宗教信仰，对须弥山石窟佛教艺术产生过直接影响。忽必烈与八思巴在六盘山的会面，对藏传佛教文化在固原的传播起到了直接地推动作用。1247年，藏传佛教萨迦派的首领萨迦班智达（1182—1251）在凉州与蒙古亲王阔端的会见并达成相关协议，是一种划时代的举措，为此后忽必烈与萨迦班智达在六盘山的会面奠定了基础，尤其是忽必烈与夫人察必接受八思巴"灌顶"的宗教仪式，对六盘山地区的藏传佛教文化影响深远。

元朝建国后，忽必烈封皇子忙哥剌为安西王。由于藏传佛教上升为国家宗教，分封各地的亲王在宗教信仰上都有统一的要求。忽必烈实行帝师制所推行藏传佛教文化政策，再加上忙哥剌的特殊身份，六盘山下的安西王府同样成了藏传佛教的传播地。元朝虽然不足百年，安西王府虽然中途因政治变故而衰落，但当时藏传佛教的宗教影响是具大而深远的。缘此，须弥山石窟出现藏传佛教造像的文化遗存，是在情理之中的事。考察须弥山石窟，可以发现第46窟、第48窟藏传佛教彩绘造像有明显变化。第48窟彩绘造像，明显受藏佛教造像风格的直接影响；第46窟造像，是在原北周造像基础过改造的佛造像，完全是藏传佛教的造像样式：造像均为坐式，有头光；高髻广额、袒露右肩、耳垂于肩、目光下视、肩宽腰细、左衽红色迦裟、两手当胸前做佛印状、结跏趺端坐于须弥座上，腰肢苗条，藏传佛教造像特点十分明显。

　　须弥山石窟佛教艺术东传日本与草原丝绸之路有缘，二者的结合将绿洲丝绸之路与草原丝绸之路有机地连接起来，共同完成了历史上佛教文化东传的使命。

　　草原丝绸之路，源起的时间应该在春秋战国以前。中国北部广阔的草原地带，自古就是游牧民族栖息的地方，马文化为草原丝绸之路的开辟提供了物质保证。通常意义上，草原丝绸之路是指东起大兴安岭，西至黑海的欧亚大陆上的草原通道。向西与新疆相连，往东可达辽东（辽宁辽阳），经朝鲜而至日本。这是一条连接西亚、中亚与东北亚的国际通道。朝鲜和日本发现的公元4世纪以来的西方金银器和玻璃器，有一部分可能就是这条横贯中国北方的草原丝绸之路输入的。须弥山石窟佛教文化东传日本，这条通道就是载体。近30年间不

图33

断出土的大量西方文化遗存诸如东罗马金币、波斯萨珊王朝银币等，都在不断证实着丝绸之路曾经辉煌的历史和中西文化的繁荣，也在不断印证着须弥山石窟佛教文化东传朝鲜半岛与日本的特殊经历。

石空寺石窟

石空寺，是宁夏境内的又一处石窟，它坐落在中宁县余丁乡境内的石空寺山上，又名双龙山。石空寺山，或许是因石空寺而得名的。石空寺有东西两院，石窟造像在东院，西院实际上是礼佛的地方。考察中国的石窟寺，大都有一段与石窟造像诞生相伴随的神话传说。石空寺也未能例外。清代中卫县令黄恩锡将神话传说与石窟开凿有机地结合在一起，突出了"石空"的空间特征和佛造像的高大。同时，他还记载和提供了当时石窟的保护措施，"重楼倚山，……楼下启洞门而入"。石窟前面建有楼阁，以示对石窟佛造像的保护。这种佛造像的保护形式，与须弥山石窟大佛前的楼阁都是一样的思路。

石空寺的开凿，同样是丝绸之路的产物。石空寺坐北向南，距滔滔黄河仅数里之遥，古人在这里选址开窟造像，充分体现了丝绸之路在贺兰山以南、腾格里沙漠边缘穿越的走向。登上石空寺楼阁高处，但见黄河如带穿银川平原而过，山水与田畴阡陌相连，地理位置和自然条件都有利于在这里开窟造像。与宁夏南部须弥山石窟造像相比，这里的地质属砂砾状沙崖，洞窟的前半部用砖砌，以固其根基。造像只能是石胎泥塑，或浮雕粘贴，洞窟由于沙漠掩埋反而保存完好。

石空寺依山而建，石窟开凿形式与甘肃敦煌莫高窟相类似。石窟开凿时间很早，如果我们把它的开凿与丝绸之路联系起来看，自然是唐代以前开凿的。最晚，也是在唐代中期以前。因为安史之乱后，吐蕃民族进入并占据宁夏大部分地区，汉唐以来的丝绸之路被阻塞而停滞。现在看到的原遗址的地砖，是重新清理后的石空寺原大殿地砖，仍完整无损，35厘米见方的大青砖，文物专家认定是唐代的建筑遗物。这里保存较多的是元代、明代的遗物，主要是佛造像和彩塑（绘）。明代的中卫，虽然是防御蒙元南下的主要通道之一，但明代外来文化较丰富，极大地带动和丰富着地域文化。

20世纪80年代初清理石窟洞窟时出土了一批佛造像，近百尊或泥塑或刻凿的造像保存完好，造像大小不一，高者1米余，低者一般都在70～80公分之间。从造像内容看，各宗教人物佛造像相对齐全，有道教造像，有佛教造像，有藏传佛教造像（红教、黄教），有各种造型的世俗弟子造像。从这数十尊佛造像的人物造型和服饰看，不仅有中国的佛教、道教人物造像，也有藏传佛教人物的造像，有中亚人造像，更有非洲人造像。从人物面部颜色的深浅程度看，既是同为非洲人，还可看出有东非人和西非人之别。中亚阿拉伯人造像也很特殊，长长的盖头与浓浓的胡须反映了他们的人物特点。

从佛造像神态看，无论是中国佛、道人物造像，还是中亚、非洲的宗教人物造像，其神态都活灵活现，十分传神，小沙弥的造像更是十分灵动。世俗人的

图34

神情面貌暗合于造像，唐代的审美时尚和世俗化在佛造像身上体现得非常明显。这数十尊佛造像，各有各的相貌和神情，造像神态逼真，服饰色泽艳丽，他们的服饰除了体现其本宗教的穿着外，非洲和中亚人的造像大多也穿中国的服饰，与中国佛造像的穿着大致相同：很有质感的长袍，红颜色，镶着蓝边。仙鹤，原本是道教的

图35

象征，但出土的造像中有一尊佛像却骑着仙鹤，这在传统宗教造像中也是十分希见的现象。

交通与道路的兴废，对于一处文化景观的繁荣与衰落至关重要。元代以后尤其是明代丝绸之路逐渐淡出，再加上腾格里沙漠的长时期吞噬，石空寺石窟逐渐被漫漫黄沙所覆盖。1920年的海原大地震，最后遮盖了它的容颜。同样的道理，中卫石空寺大佛的开凿与它的衰落，与丝绸之路的畅通与停滞有直接关系。后来，再加上自然环境的变化，石空寺大佛曾一度时期在人们的视野中消失过。原因之一，是由于生态环境不断恶化，与腾格里沙漠为邻的中卫石空寺也受到影响，致使黄沙将洞窟慢慢吞噬并封闭。这种现象如同宁夏须弥山石窟、重庆大足石窟的发现过程一样，直到20世纪80年代初，被黄沙掩饰的中宁石空寺经过长达3年的清理，终于使洞窟和洞窟内的彩绘佛造像重见天日。

石空寺石窟出土的各种宗教人物的造像,在反映历史人物的同时,从历史与宗教文化的视角看,唐代以后的石空寺,在反映丝绸之路畅通的同时,宗教意义上的多元接纳与吸收,同样反映了文化意义上的多元融会。这种非常观直观的、已经世俗化的各类宗教人物造像,在全国恐怕都是少见的。这种宗教文化现象的历史折射说明:其一,唐代及其元明时期,包括清代早期,中宁一带宗教文化非常兴盛,而且是多种宗教文化并存。在洞窟里清理出来的各类造像中有道教、佛教、藏传佛教(当地人称为黄教)的代表都有。戴着道冠站立的道人,披着袈裟盘腿而坐的佛祖,头戴松赞干布式尖顶帽子的藏传佛教人物,世俗化的各类人物造型,神态百出,栩栩如生的小沙弥等,通过人物面相和服饰再现了不同宗教文化在这里融会的历史经历。其二,汉唐以来丝绸之路文化繁荣的历史,在这里同样得到了印证。在众多的佛造像里,有宗色或黑色的非洲人,有头披沙巾的典型中亚阿拉伯人。各类宗教人物造像在中卫石空寺的出土,同样再现的是古代丝绸之路文化在宁夏的繁荣。

粟特人与丝路文化

隋唐时期的粟特人,是一个特殊的人群。丝绸之路,给粟特人开了一扇天窗。

汉武帝时期,派遣张骞前往西域、中亚,"凿空"之举打通了东西方文化交流的丝绸之路。实际上,早在张骞"凿空"之前,中国的丝绸早已传到了中亚和欧洲。只是经过两汉的推动,丝绸之路已发展成为文化交流和中西方贸易的大通道,为魏晋南北朝丝绸之路的繁荣奠定了坚实的基础。这一时期北方虽然处在民族融合与纷争的时期，但丝绸之路并没有因此而冷落，反而为隋朝建立后丝路文化的进一步发展提供了空前的大舞台。中亚粟特人的东来，就是丝绸之路文化繁荣的历史见证。这个历史背景揭示了丝绸之路的包容、融合、和谐与厚重。

昭武九姓人的家园在中亚，位于中亚阿姆河与锡尔河流域，就是现在的乌兹别克斯坦、塔吉克斯坦和吉尔吉斯斯坦境内。这里分布着大大小小的绿洲，绿洲上生活着康、安、米、曹、何、史、石等国的众多民族，中国的典籍里称其为"昭武九姓"。"昭武九姓"人是宗教信仰多元，文化素质较高的民族。史国史姓粟特人，作为丝绸之路上东来的人群，在历史上很有影响，尤其是一个很会经商的民族。《旧唐书·西域传》里记载，粟特人"善商贾，争分铢之利"。从地理意义上，两河流域正当丝绸之路亚欧大陆的枢纽，地理优势及为明显，东可向中国，南可至印度，西可至波斯、拜占庭，东北可达蒙古，这个特殊的空间，为粟特人创造了凭借丝路获取丰厚利润的渠道，有史料称这里为丝绸之路黄金贸易最大的中转站。用现在人的眼光审视，粟特人实际上是穿越古代欧亚内陆及周边国家往返于丝绸之路的国际商人。

在这样一个背景下，经过两汉、魏晋南北朝的发展，精明而逐利的粟特人已不想坐地为贾，而是要走出两河流域沿丝路东进去掘得更多的利益。粟特商人沿丝绸之路不断进入中国，进入丝绸之路必经之重镇——固原。

固原，是汉唐关中北出西进的重镇，为丝绸之路东段北道必经之地。特殊的地理环境和适宜的丝路驿站，吸引了东进长安的粟特商人。他们看重了固原，驻足于固原，或者为官隋唐，或因巨商成为贤达，都曾与固原结缘。一千多年后，由于地下考古发掘获取大量中西文化信息，人们终于知道了这段厚重的充满中西文化魅力的历史时空。

20世纪80年代初，考古工作者在固原城南陆续发掘了系列的墓葬群，称为北朝和隋唐墓地。1982年至1987年，考古工作者先后在固原县南郊乡相继发掘隋唐时期墓葬9座，其中6座为中亚史姓家族墓，他们分别是隋朝正仪大夫、右将军、骠骑将军史射勿之墓，唐朝请大夫、平凉都督、骠骑将军史索严之墓，唐左亲卫史道洛之墓，唐司驭寺右十七监史铁棒之墓，唐游击将军、虢州刺史、直中书省史诃耽之墓，唐给事郎兰池正监史道德之墓，这6座墓葬分别属于一个大家族中两个家族。墓葬中出土的保存完好的墓志铭，记载了史姓家族的经历，尤其以墓葬群的形式出现，在全国考古发掘中也实属罕见，它见证了丝绸之路在固原的繁荣和固原在当时的重要地位和影响力。

唐代，是一个开放的国度。丝绸之路是个标志，中西文化往来融合呈空前之势。当时，活跃于中亚地区两河流域的粟特人，沿丝绸之路商贸通道东来徙居固原，并非仅仅是商人，深层扮演着传播中西文化的角色。自北朝以来，他们就通过丝绸之路往来于中亚和中国之间。史姓家族主要成员早在北魏时已迁居固原，北周时已步入仕途，以族居的形式落籍固原。善于经商的粟特人，即使进入仕途，也不会放弃经商。他们不仅在中国做官并经商，而且将中国传统文化融为一体，以籍贯为固原人的身份自居。据《墓志》载：史射勿自称这个家族就是平凉平高县人，即今固原人，他曾是北周隋朝的武将；史诃耽从隋朝开皇年间即入仕中原王朝，供职京师长安，在中书省任翻译。尤其是其妻康氏死后，续娶汉族张氏女为妻。他们从籍贯、民族成分和出仕等多个方面完全融入中国，体现的是中国传统文化的意义。墓地出土的石床与石门等高规格的丧葬遗物，同样见证了史姓家族的贵族阶层和官僚身份。

出土的文物，有墓志、金戒指、萨珊银币、铜镜、鎏金桃花形花饰、金带扣、玉钗、东罗马金币仿制品、壁画、玻璃碗、蓝色圆宝石印章等大量珍贵文物。壁画艺术价值及高，蓝宝石印章属萨珊王朝时期工艺品，颇具艺术价值。最引文化界、学术界关注的还是罗马金币、萨珊银币、陶俑、玻璃器、鎏金铜制装饰等，影响最大的是金币和陶俑。陶俑分为武士俑和镇墓兽两大类，镇墓兽又分为人面与兽面两类造型，神态逼真，生气勃勃，周身施有精美的色彩，包括金箔和银箔，装饰十分华丽。

从墓葬文化的现象看史姓家族，就反映出他们的华化程度与多元文化的吸纳。它留给我们的是多维视角：墓道的形制，既有天井，也有长斜坡道。记载和反映墓主人身份的"墓志铭"，每个墓地都有。墓志铭由盖与志石两部分构成，志盖造型为盝顶式，盖上面刻有非常精美的篆体文字，反映着那个时代书法艺术与审美特点。盖外围装饰图案体现了中国传统文化的内容，比如"四神"、朱雀、青龙、天马、十二生肖等，这些文化符号雕刻在墓志铭盖上的不同位置，莲花瓣、卷草纹、忍冬等图案，制作得同样精致。粟特人的名字完全汉化，除姓名外，近乎都有各自的"字号"。从文化体现上，已经无法看出他们是中亚人的身份。

史姓家族墓，不仅从墓道与墓志上反映了这个特殊人群的中国化，而且从更深层面上体现着中国传统文化精粹。史姓家族的中国化籍贯，已完全融注在他们的墓志铭文里。他们的葬俗，同样完全中国化。如果仔细梳理，无论史射勿的墓志，还是史道德的墓志，他们都有其共同特点。一是其先出自"西国"，在隋唐时期的中国皆屡有战功而获取职位很高的武官待遇。史索严墓志还记载，在唐朝统一的过程中还参加过征讨军阀薛举的战役。当时征讨薛举的主帅，就是后来继承皇位的秦王李世民。从这些意义上，史索严还是唐朝的功臣呢。二是他们都有在中国生活四代以上的长时间经历，从曾祖、祖父、父辈再到墓主人自己。四代人的中国经历，你能说他们没有融入中华民族这个大家庭里？你能说他们没有故乡情结？三是他们的墓志铭文里都称自己是原州平高县人。原州，即现在宁夏固原，平高县，为现在的固原市原州区。墓志铭文里还称："远祖因宦来徙平高，其子孙家焉，故今为县人也"。渊源与现实都记载得清清楚楚，原州平高县就是他们的籍贯。

隋唐史姓墓葬在固原，是一个特殊的历史经历，蕴藏着一段宏大的文化融合背景。西魏北周以后，固原城南塬大片土地逐渐变成了官吏选取坟茔的风水宝地。出土的墓志铭文里称这里为"原州西南陇山之足的""北达原"。千年前那些生活于固原、经商于中国、或为官于朝廷或为官于固原、埋葬于固原于的本土化了的昭武九姓史姓人，在经历了隋唐时空演进之后，他们都成了固原人，固原城南塬的厚土成了他们的安息之地；承载丝绸之路穿越的重镇固原，同样成了丝绸之路上东来西往过程中文化传播的桥梁和纽带，东西方多元文化在这里积淀与传承。从北朝至隋唐的数百年间，丝绸之路留给固原的辉煌，达官显贵选择固原城南为百年后的茔地，这个跨越地域、跨越时代的墓葬群，再现的是汉唐时期固原地位的重要和中西文化交流过程中的巨大影响力。

史姓家族墓地的考古发现是一大奇迹。它揭示了一段特殊的历史，它见证了丝绸之路曾经的辉煌。现在，北周、隋唐的历史烟尘早已散去，而固原城南出土的大量丝路文物的面世，如同一幅幅色彩斑斓的世俗风景画，向后世人诉说着那段辉煌的历史。

水洞沟与早期草原丝路

银川市黄河东岸的横城，自古就是一处重要的渡口。明代修筑的以防御蒙古兵锋南下的长城，紧靠着横城的外围。东西走向的长城内侧就是一条重要的交通线，康熙亲征噶尔丹时，在山西保德过黄河，沿长城内侧大道由东往西直达宁夏府城，就是在横城渡过黄河的。由横城往东南方向亦有大道相通，第一个驿站就是水洞沟，它位于灵武市临河镇横山堡村西的边沟两岸。从水洞沟远古人类的迁徙与走向看，它折射的是早期草原丝路的影子。

水洞沟文化遗存属于旧石器时代晚期遗址，其中的石叶文化类型最具代表性。从社会发展阶段看，旧石器时代晚期正当母系氏族公社早期，距今约40 000—18 000年前。远古人类的生存环境，《孟子·滕文公上》记载的是"禽兽逼人，兽蹄鸟迹之道交于中国"，表明旧石器时代晚期，远古人类是以自然界提供的自然果实、动物为食物来生存的；居住则是利用自然条件如天然洞穴、悬崖陡壁下方或树林、树杈等为栖身之处。稍后的时期则被《墨子·节用》描述为"因丘陵掘穴而处"，他们使用着粗笨的石器，过着十分简陋的采集经济和渔猎生活。这就是旧石器时代的远古人类生活形态和生存环境。其实，旧石器时代晚期，古人类对其生存环境的选择，已由前一时期过渡带的森林草原阶地和黄土台地环境向森林区盆地和河流阶地扩展。水洞沟旧石器时代晚期遗址，就是当时人类生存环境的最佳选择，主要表现在气候与地理环境方面。黄河流域为典型的季风气候，南北走向的贺兰山，隔阻了腾格里沙漠风沙进入宁夏平原，护佑了天然的宁夏平原黄河灌溉；同时，也成为季风的分界线。据已有的研究成果看，距今一万年以前，地球上原来覆盖广大面积的冰川已经后退很多，被称为是"全新世"时期，也成为人类社会大发展的时期，地球上的气候进一步变暖，黄河流域气候条件更为优越，农业在黄河流域出现。作为黄河边上的水洞沟旧石器时代远古人类，正是看准了这里天然的生存环境。

著名地质学家刘东生先生在《水洞沟——1980 发掘报告》一书的序言里写到：

图36　水洞沟遗址局部

2万多年前，一群远古人顶着凛冽的西伯利亚寒风，艰难地跋涉在鄂尔多斯黄沙漠漠的旷野之上。他们是一支由男女老少组成的队伍，随身携带着猎人的专用工具、武器、帐篷和火种。当他们翻上一道连绵起伏的山梁而来到一处今天叫做水洞沟的地方时，眼前出现了一片水草丰盛的湖泊，远处草原上还隐约可见成群奔跑的野马、野驴和羚羊。显然，这是一处诱人的地方。于是他们放下行装，就地宿营，开始书写生活的新篇章。

　　最早发现这处凝聚和记载着远古人类文明史的人，是20世纪20年代初的比利时传教士P·肖特。他在水洞沟东边的黄土状岩石断崖中，发现一具披毛犀的头骨和一件很好的石英岩石器。披毛犀头骨的发现，正好印证了数万年前宁夏平原温暖湿润的气候和万物并存的生态环境，曾有犀牛类动物生存过（披毛犀适应不同气候生活环境）；同时，也印证了早期人类活动的过程及留下的曾经使用过的石英岩工具。有了这个惊人的信息，才有了1923年法国古生物学家桑志华、德日进在水洞沟的第一次发掘。1928年，他们共同发表了《中国的旧石器》的考古报告。他们认为，水洞沟遗址中至少有三分之一的石制品可以同欧洲、西非、北非的石制品"相提并论"，其中的尖状品、刮削品、钻头等，"令人吃惊的是同相当古老的奥瑞纳文化的形状接近"。奥瑞纳文化，是欧洲旧石器时代晚期的文化类型，年代距今约在3.4万至2.9万年之间。其石器主要由石叶制成，刮削器、尖状器为其代表。装饰类主要有穿孔兽牙和贝壳之类。石器与装饰器，与水洞沟遗址出土大致吻合。有了这些研究论述，世界视阈下水洞沟作为旧石器文化重要遗址，已经为世界考古学界所关注。"中国没有旧石器文化"的论断终于成了历史。水洞沟，也成了中国旧石器时代重要遗址之一。从此，水洞沟如同一幅揭开了面纱的远古人类描绘的色彩斑斓的风俗画，展示在世人面前。此后的 1960 年、1963 年、1980 年、2003 年、2005 年、2007 年，中国考古学者先后对水洞沟古文化遗址进行过多次系统发掘。从动物化石的种类看，有野驴、犀牛、羚羊、转角羊、鸵鸟等，还获得了数万件石器材料和石器。专家认定：在获得的大量石器中，有一类以长石叶为毛坯、两侧经修理左右对称、背面有脊梁的三角形尖状石器，就是能与欧洲典型的莫斯特尖状器相媲美的这一类，在中国旧石器文化体系中独具一格。其制作方式同样都用石叶或三角形的石片修理而成，有正尖和偏尖，由腹面向背面在两侧做单向的修理。莫斯特文化是源起于欧洲、包括西亚等地区旧石器时代中期的文化，其典型特征是使用了修理石核的技术，典型的器物是用石片精心制作的边刮器和三角形尖状器。另一类以长石片为毛坯，一端修理出半圆形刀刃状的刮削器，它们是水洞沟石器中最具代表性的器物，制造技术和形状与我国同时期的其他石器时代遗址迥然不同。尤其是 1963 年发掘时发现的一件以鸵鸟蛋壳为原料制成的圆形穿孔装饰物，找不到其边缘略加雕磨过，这说明当时的磨制艺术已经萌芽，是原始初民

图 37　完整石叶

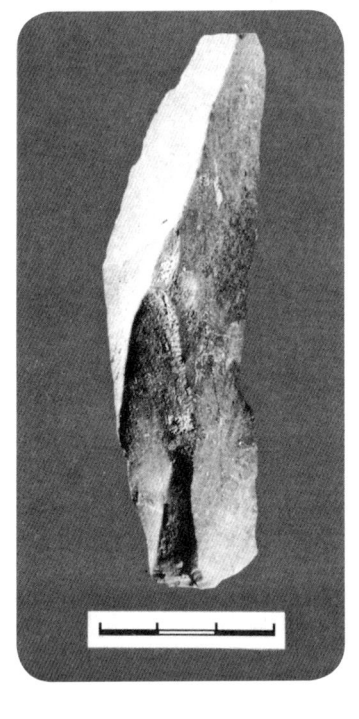

对美的形式的探索。从早期装饰工艺美术角度看，作为鸵鸟蛋壳制成的装饰品，已经蕴孕着人类早期审美意识的成因，是中国旧石器时代艺术的重要组成部分，在人类工艺发展史上是一个划时代的进步，或者说是中国旧石器艺术发展水平的一个标志。

2003年7月至9月，中国科学院古脊椎动物与古人类研究所和宁夏文物考古研究所组成联合考古队，对水洞沟遗址再次进行考古发掘。这次考古又发掘出了丰富的石制品和动物化石，尤其是发现了目前为止中国旧石器时代同期制作的最为精美的环状装饰品，极大地丰富了水洞沟文化内涵，为研究当时人类的生产力水平、行为模式和审美能力提供了重要的信息。

2013年，是水洞沟遗址发现90周年纪念。中外学者聚会宁夏，回顾了90年来与水洞沟相关联的人和事，并在更高

图38　1963年裴文中先生在遗址考察

层面上重新认识水洞沟遗址的地位和文化价值：水洞沟遗址的发现和发掘是一个里程碑，它正式揭开了中国古人类学和旧石器考古学研究的序幕。水洞沟遗址，是我国最早发现、发掘和系统研究的旧石器时代晚期遗址。一是水洞沟旧石器遗址的发现和研究，结束了长期以来国外学者认为中国没有旧石器文化的论断；二是发达的石叶工业在体现水洞沟石器文化特征的同时，在打造工艺上更多地体现了欧洲旧石器风格莫斯特技术及其传承脉络，是早期东西方文明碰撞的结晶；三是为中外旧石器文化比较研究提供了丰富的实物资料。同时，也发表了新的研究成果：水洞沟遗址旧石器时代人类已经掌握了热处理技术，会烧石热水煮食。这些新的研究成果，让我们从一个新的视角看到了水洞沟人全新的生活。水洞沟盆地远古时期，虽然为荒漠草原，但森林密布，植被天然，沼泽遍地，野驴、犀牛、羚羊、鸵鸟各类动物遍野。兽皮披发的先民们，凭借狩猎的工具和打制的各种石器，获取和刮削各类食物。旷野里的篝火熏烤着鲜美的嫩肉，蓝天白云映衬着水草丰美的茅屋，水洞沟先民们就生活在这样一个原始亘古的环境中。

从后来的丝绸之路走向看，水洞沟所在的地理位置，正当鄂尔多斯台西南缘，也是草原丝绸之路与绿洲丝绸之路相交汇的地方。

骆驼草

辽宁省博物馆里，有一个展厅的内容专门揭示辽河流域文明源起。其中有一幅图，再现的是辽国时期的"上京"，即现在的内蒙古赤峰。一同观览的富学兄看到上京，便讲了一个与上京城有关的故事。他说，他在上京城里考察时看到了一种草——骆驼草。这种草原本是西北地区的植物，为何生长在赤峰？我问缘何到了赤峰。他说，他做过一些研究。当年，辽国与西州回鹘关系尚好，两国之间多有各方面的交往，尤其是一些诸如贸易之类的事。贸易过程中，其运输的工具就全靠骆驼队。骆驼，是西北地区特有的哺乳动物，是沙漠地区主要的力畜。上京的骆驼草，就是从西北移植过来的。这种草等到深秋经霜消杀之后，味道就变甜了。骆驼草就成了骆驼过冬的饲草。赤峰之所以会出现骆驼草，就是当时人从西北移植到上京的，目的是为解决庞大的骆驼队冬天的饲草供养问题。

我听后惊叹，真是有心人处处皆学问。

由骆驼草，我想起了40年前的家乡。那时候，我们居住的地方到处都是骆驼草，河崖畔、沟滩、大路边、坡地上，而且生命力极强。我们当地叫这种草为骆驼蓬，不叫骆驼草。叫骆驼蓬，有点象形的意味。这种草顺着地皮铺开，基本上是圆形的样子。颈干呈橘红色，叶子是绿色的，而且是细细的条状，开白色的小花，花谢后结成一公分大小的圆果实，白里泛着淡红，挺好看的。除了叫它骆驼蓬的名字外，还有一名俗名叫嗅蓬。因为它有种怪异的味道。酷暑的日子里，小朋友们玩耍时，就将骆驼草顶在头上纳凉，就像一把伞的样子。

我们家院子不远处是一条大道，是北上南下、连接县城的必经之道，沿清水河谷地穿行，是丝绸之路通道网状走向的组成部分。历史太悠久了，谁也说不清是哪个朝代的大路。据说1926年，冯玉祥将军的国民革命军南下时，修筑了现在的银（川）平（凉）公路。此后，我们院子边旁的那条老路就逐渐淡出了人们的视野。但童年的记忆里，看惯了这条大路上的风景。马拉车，我们当地叫拉拉车，是20世纪六七十年代之前的重要运输工具。那时候大路上的马拉车日夜穿梭，有时数辆连在一起，也有些阵势。要下坡过河时，车夫挥舞着长鞭用力吆喝的那幅神态；马拉车下坡时要拉闸，就会发出刺耳的声音，现在想起来同奏乐一样。这些，都深深地留在记忆中。最难忘记的还是那长长的骆驼队，拉骆驼的人在路边给骆驼喂盐的情景：骆驼斜卧着，骆驼人将一个小盐袋放在骆驼嘴边。一长串骆驼过去后，总要在大路上留下一长串一长串的骆驼粪：核桃大小，黑颜色，圆圆的。稍干后，我就去捡回来，拿它玩。

说骆驼草，就想起遥远的过去。长大后，又与骆驼草结缘。

30年前，土地未承包那个年代的农村，不但吃粮困难，就连农家做饭用的柴禾、冬天煨炕用的柴禾都很成问题。我们生存的地方，贫困在全国都是有名的，生活条件很差。那时候，放寒暑假后，年龄大的小伙，都参加生产队的劳动。不到14岁者不参加劳动。我属于后者，暑假割蒿草是我的主要任务。一部小独轮推车，一把镰刀，一根绳子，一顶草帽就出发了。那时候不像现在到处都长满野草，而且割柴禾的人很多，地面上的蒿草等不得长太高就被割掉。夏天割柴禾，路边、渠畔、沟崖、大小树林子里……凡长草的地方到处都割得干干净净。冬天扫柴禾，苜蓿地里扫得地表皮都成了白的。尤其是沟渠边上留着的小草，初冬时大人们用铁锹铲，草与草根一并都被铲掉了。这些东西可以煨炕，无奈的冬天，有一些日子就靠着这些似土似草的东西。

记忆中，那时的骆驼草是蒿草类中主要的一种。如果家里没有其他杂事相扰，我基本是每天上午一趟，下午一趟。割回来的骆驼草先在院子里晒个半干，就搭起来。夏天火辣辣的太阳，晒起来很快就干。农家院子都不大，晒半干的草不搭起来，后面割回来的草就没有地方晒。年迈的祖父总是鼓励我能多割一些草回来，口头禅就是"勤有功，戏无益"。他有气喘的病，最怕寒冷的冬天。夏天有准备了，冬天的夜晚就不受罪。就这样，一个暑假过去了，割回来的草就搭成一个不小的草摞。冬天的日子，再一层一层揭下来，骆驼草的颜色绿绿的，既能喂羊，也可当柴禾烧炕。风干后的骆驼草，似乎没有了夏天刚割下来时的那种臭味。

后来托上苍的福，有了读书的机会，就离开了农村。几十年过去了，经历过的日子却无法淡忘。当说到骆驼草，过去的影子马上就会重现，尤其是伴随着骆驼草的一个个暑假的日子历历在目。为着骆驼草，我利用秋天的一个大周末，走访了青少年时期割骆驼草时的沟沟岔岔、渠边路旁，几乎当年去过的地方我都看了。40年的环境变迁让我吃惊：已经不是河山依旧，嬉戏过的河水没有了，河道干涸了；河岸、沟畔、路边的骆驼草找不到了，无影无踪。与骆驼草相伴的马兰花，也没有了影子。但过去的印象太美好了——40年前的骆驼草依旧在蓝天白云下舒展，依旧在秋风里弄姿。猛然回头，留下的是影子，是记忆，顿生"地似物非""人去楼空"的感觉。

白马城

明代的白马城很有名气，但一直没有机会去考察过。2013年月10月终于成行。白马城，明代属于陕西固原州管辖，清代光绪年间又隶属于平远县（今宁夏同心县），但平远县仍属于固原州所辖。1958年，划归甘肃环县，实际上离固原市彭阳县辖地很近。缘何名为白马城，当地人已说不清楚，也看不到相关民间传说的故事,但白马城的名字能折射出明代这里牧马遍野的影子,草场丰美的景致。

我们从银川动身,沿丝绸之路长安灵州道走向前往甘肃环县。次日,由环县县城再往白马城,环县原政协主席康秀林先生向导并作陪。这里距白马城大约一百公里左右。

车子沿着山路转。说是一百公里,实际上走了近3个小时。到白马城已是下午5时过,太阳大西偏了。到了这里,地理方位告诉我,这里距宁夏固原市彭阳县草庙乡已经很近。快到时,远处的烽燧墩台已遥遥可见。山地就是这样,直线望过去很近,但绕着山头走还得花时间。

过去对白马城的理解,以为仅仅是明朝政府牧马的地方。数次出任明代固原陕西三边总督的杨一清,在他的文集里对白马城的修筑过程有详尽记载,但之前我并没有认真阅读和思考过。实地考察才知道,这里不仅仅是马政,防御更为重要。白马城的修筑,实际上是利用了一座奇险的山,当地人称复凤山。白马城随山形地貌而修筑,故起伏奇险,没有规则。从地形看,城为南北方向,城东有沟谷名为大坟滩沟,沟沿岸至城墙有平台;西侧沟谷名为白马城沟,两条沟谷夹一座山而交汇于山之北;西沟的水系与山北之沟谷相汇在一起,一直向北延伸。有水相通的地方,正是明代蒙古兵锋沿沟谷水系南下的通道。白马城的修筑,就是为了堵截和防御这条通道。这里先前为"本苑马寺牧地,有井泉"水系。沦为蒙古兵锋南下的通道后,这里的牧马地逐渐荒废。

白马城的修筑,缘起于整饬固原等处兵备、陕西按察司副使成文,时任固原卫指挥符深、苑马寺清平苑圉长张子仪,他们先后都有文本上呈:"勘得固原东路撒都城即白马城,委系紧要隘口……地颇肥饶,可作安军之业,以外仍作草场。"此时，正当杨一清出任固原陕西三边总督。他以《为谘访群策以裨边务事》再呈奏朝廷，同时陈述了一个完整的修筑白马城的计划和设想。如筑城的人夫、支应的口粮、所用铁器稍把等，都有详细预算，包括石杵之类的用具都列入其中，统一由附近卫所（明代地方军事设置）调剂筹办。每一个建筑环节用银，都有详细预算。城楼、眷门、大门楼、仓厩、厢房等建筑规模多大、用料材质地都有详细的银两折算。《嘉靖万历固原州志》记载："修筑城墙、门楼等工程始于当年七月，及十一月天冷止，城垣与大城北门全部完工，南门及官厅、楼铺留待来年。"当年没有完全建成。这一年是嘉靖四年（1525年）。

白马城筑好后，杨一清亲往阅视。在军队驻守与管理方面，按照先例招募军队。军队召齐备后，每人划拨近堡之地一顷，令其耕种，十年之后，再量收子粒，还是参照屯田的形式。近年，环县文管所对白马城做过考察丈量，总面积25万平方米。依据杨一清文集的记载，白马城是在旧城的基础上修筑的，旧城名撒都儿城。此城的修筑，不仅提升了这一线的军事防御能力，而且与北部中路设置的平虏守御千户所（宁夏同心县下马关）、西路红古城（同心城西南），形成了一个东、中、西防御体系，成为固原东路防御的重要屏障。明朝军队在白马城驻守堵截，可防御蒙古骑兵南下进入甘肃镇原、平凉、泾州、直抵陕西邠县等纵深之地掳掠。

古代防御，城池与水源是一体的。白马城的修筑，还有水源白马井墩的改筑问题。改筑的方式就是控制水源，即在水源处"展筑宽大的月城"，将白马城与月城连在一起。"月城"，就是所谓的"关城"。有了坚固的城池防御，"有警，拨军在彼占据水头，使贼马不得饮水，则贼路自可断绝。"白马城未修筑时因水源外露，蒙古骑兵常在这里"乘水草剹营"，这里就变成了蒙古兵锋的"巢穴之所"。有了这个"巢穴之所",蒙古骑兵就可以在这里"更番掳掠"。因此,对于明朝来说,白马城的修筑军事防御意义重大。

白马城是在旧撒都尔城的基础上修筑利用的。可见,白马城与早期朝代的城池有关。从字眼看,似乎是元代的名字,但元代没有必要在这里筑城;说是宋西夏时期的,称谓也有不妥之处,西夏不会把城筑在这里,也筑不到这里。山顶南墙外筑有椭圆形瓮城,当地人称为"紫禁城",还隐藏着几分神秘。

城中唯一的遗物,就是明代人留下的立碑。碑高195厘米、宽106厘米、厚17厘米,是一种红砂石刻成。碑刻正面是"固原东路创修白马城记",背面所刻内容为白马城防御体系整体布局情况。这通石碑是明代的原物,自然是难得的宝贵遗产。环县文管所非常重视这里的管护,雇用当地人为文保员,负责城堡的看管。我们到白马城时,文保员已经在等候,一中一青,非常认真。石碑在城中数百年,除了岁月风雨的侵蚀外,似乎看不出有人为的破坏,还稳稳当当地矗立在荒草丛中。只是石质不是甚好,沿边一周文字损伤严重,有些文字已漫漶不清,中间文字依旧清晰。此碑的内容,一是界定了白马城的四至,内容与杨一清文集记载一样;二是记录了当时筑城的过程与防御思想;三是记载了各级各类地方官员参与筑城;四是碑文的价值。碑文撰写者是王九思(1468—1551)陕西鄠县(今陕西户县)人,他为明代著名文学家,与前七子领袖李梦阳一起号称十大才子(何景明、徐祯卿、边贡、朱应登、顾璘、陈沂、郑善夫、康海)。弘治九年(1496年)进士,官至吏部郎中,宦官刘瑾专权时贬谪寿州同知。王九思为陕西户县人,明代宁夏属陕西所辖,故此碑请才学闻名朝野的名流撰写,自在情理之中。尤其是著名文化人为一处城池撰写碑文,数百年后

图39

更有文物与文化价值。白马城四周的烽燧也是一大景观，环城两边山巅高耸矗立，数量多且保存完好。由这些烽燧，也可看到当年白马城重要防御屏障作用和军事价值。

城中有清代以来的庙宇，看得出香火旺盛，亦可见当地人的民俗传承。

离开白马城时，已夕阳西下，布在天边的余晖，映衬着一身土黄色的高高的烽燧，看上去粗犷而苍凉，似乎要折射出当年的时空来。

实地考察后，再翻检《嘉靖万历固原州志》，我发现嘉靖与万历两朝记载的白马城有相异和容量混淆之处。《嘉靖固原州志》载：白马城"周二里三分，高二丈八尺，阔二丈七尺。东北二关，周五里三分。东南北三门，上各有楼；壕深二丈，阔一丈五尺。"（《嘉靖固原州志》）《万历固原州志》记载：白马城"周围五里三分，高阔各三丈。嘉靖四年，总制杨公一清，筑修东北斩山，增筑关城。"（《万历固原州志》）前后两处记载，一是白马城城墙高低不一样；二是城制的大小也不一样。尤其有两个城池大小极容易混淆：一是城墙的长度有"周二里三分"与"周围五里三分"之别；二是两处都有"周围五里三分"的记载。《万历固原州志》文字记载相对简略，容易造成误读。实际上，白马城"周围五里三分"是对的，这个"五里三分"是包括增筑的关城的。只是两处记载的城墙高度不一样，也是让后人读起来生疑的地方。明代修筑城池，多有关城，即瓮城。这除了军事防御作用之外，还有集市交易的作用，好多集市就设在关城。当然，白马城修筑的两重关城，不是为了集市交易，而是为加强其军事防御。

明代，为了防御蒙古兵锋的南下，明朝政府在西北地区牧养了大量的马匹，以装备骑兵部队。宁夏固原境内是当时由军队直接管理的重要牧马地区，白马城里的明代立碑也写得清楚。白马城的得名，应该彰显了这里畜牧业的兴盛，与明代牧马业在这个地方的繁荣是密切关联的。明代以后，城堡军事功能的淡出，交通道路的逐渐冷落，白马城逐渐成为地方民间宗教活动的场所。

处事习惯于大略或者差不多，往往就忽视了细节。固原以北经海原县干盐池这段路，已经去过几趟，只是因为每次去的目的不一样，关注的内容也不同。丝绸之路东道北段在固原的走向，南中北三道大致是弄清楚的，尤其是北道在固原的走向。实际上并非其然，2015年4月再去海原考察的结果就让我有了这个想法。

双铺

出海原县城西北行，经西安州，过干盐池，就进入甘肃白银市平川区。这里与海原县干盐池乡接壤的是一个名为"双铺"的镇子。这个镇子是两条丝路的会合点，因为两条道路在这里交会。与镇子上的人相叙，知道这个地方历史上名为"双堡"，后演化成为双铺，隶属于白银市平川区黄峤乡。"双堡"，说明这里的地理位置要紧，有防御的意义在里头。"双铺"，有驿站的内容在里头，说明这里是交通要道。把这两层意思融会在一起，就可看出丝绸之路两条通道在这里交会的价值和意义。

两条丝路通道的大致走向，一是出固原城北行，沿黄铎堡、海原郑旗堡、贾塘，过海原县城继续西行，经古西安州、干盐池进入甘肃白银市平川区黄峤乡双铺村，这里我们可以称为北道；一是出固原北行，经须弥山、海原李俊、红羊，沿南化山南

图40

缘、过树台，进入平川区峤山所在的种田乡，在双铺与北道相会，我们可以称其为南道。过去，我们没有实地考察过干盐池以西的道路走向，只认定这里是丝绸之路在靖远鹯阴口渡过黄河并穿越河西的通道。而实际上，还有另外一条路径，即由须弥山、李俊西北行，过平川区的种田乡、海原县的刘家井，再翻越平川境内的峤山，在双铺这个地方与穿越干盐池的这条通道相会合。我们可把固原以北穿越海原干盐池进入平川区的这条道称为北道，把固原以北穿越须弥山、峤山进入平川区的这条道称为南道，二道相会于双铺。

丝路走向总是与水道相关连。崛吴山在平川区东南黄峤乡境内，界于靖远、海原、会宁三县交界处，有水系发源于此，向东南流，汇合于海原园河。南道即沿此水系而行，水系连接着丝绸之路。

大丝路之变迁

改革开放的30多年，公路、铁路与航空建设突飞猛进，快速发展，都发生了很大变化。我的老家固原，是古丝绸之路经过的地方。过去虽然条件比较艰苦，但它的地理位置却很重要，地处西安、兰州、银川、宝鸡、天水之间，出行的经历印象很深。由固原往银川、西安、宝鸡、兰州、庆阳，实际上都走在古丝绸之路上。参加工作以后，目睹了宁夏的交通变化，包括宁夏与周边的道路交通及其工具的变化。这里选取几个点，就可以看到近30年间尤其是西部大开发以来宁夏交通翻天覆地的变化。

公路

从现在交通格局看，穿越宁夏境内的有6条国道：211国道、109国道、307国道、110国道、312国道，这些年大致都走过，有些线路还走过多次，走得最多、留下最深印象的还是固原—银川这条南北大通道上的变化。

20世纪70年代，固原来银川要在中宁县城住一个晚上，第二天才能到达目的地。80年代初有了变化，每天一班车，当天可到达银川。我参加工作后，到银川出差，清晨从固原汽车站坐车，中午到中宁汽车站，吃一碗面，稍事休息就继续北上，绕吴忠城西而过，在灵武新华桥附近过黄河大桥。第一次看见向往中的黄河，第一次看见壮观的黄河大桥，第一次看见大桥上有解放军站岗，满眼的新奇和喜悦。书本上的黄河与现实中的黄河走在了一起，兴奋不已。车到银川已是下午四点钟以后。

入住,稍事修整就到了晚上,办事只能到第二天。

我毕业后留校做《固原师专学报》的编辑工作,刊物在甘肃平凉地区印刷厂印刷,每期发稿校对必去平凉,由固原往平凉约90公里,也要走3个多小时。去兰州、庆阳都需一天的行程。如果去西安,早晨由固原动身,晚上就住在平凉;第二天再坐平凉开西安的班车。那个年代,道路无法与现在比,简易公路、山区的公路都是沿着山形走。班车也是老牌子,声音很大,速度有限,爬坡时慢得如同蜗牛一样。90年代初,有一种南京生产的名为伊维克的车型,速度快多了,由固原去银川也就是4个小时过。再稍往后,新型大巴面世,由固原往银川,4个小时即可到达。

2002年,我调银川工作。伴随着西部大开发,宁夏境内的高速公路已经在修建中,而且是修成一段放行一段,中宁、桃山、同心、固原依次通车,看上去新鲜,行车过程舒服,道路与车况大为好转,乘车时间大大缩短。我每隔十天半月要回固原老家,心境特别愉快。现在回想第一次去银川,时光过去了三十年,但感觉恍若隔世。银福高速公路的开通,成为宁夏公路交通发展史上的里程碑。现在,按照交通管理部门的规定限速行驶,固原到银川也只需要4个小时,舒适快捷。回固原老家时,上车睡一觉,醒来再观赏观赏两边的风景就差不多快到家了。由30年前的一天发一班,发展到今天半个小时发一趟;由过去的老解放牌,更替换代到今天配置的先进高档国产车,时空的变化如同换了世纪。

现在,宁夏境内高速公路不仅将宁夏连接起来,而且将宁夏与周边省区连接起来。京藏高速、福银高速、青古高速、定武高速在宁夏交会,辐射周边省区,与全国联通。在地域空间上,宁夏成为全国大交通的枢纽之一。往延安、往兰州、往新疆、往西宁、往内蒙古，往西安、往青岛、往上海、往北京，高速公路网络环环相接，条条相通，边地与内陆的阻隔，从我们出行的感觉上已经消弥。

铁路

宁夏有铁路史是在20世纪50年代，名为包兰线铁路。20世纪80年代初，第一次出差北京，就走包兰线，经呼和浩特、大同、张家口到北京，坐20多个钟头。那个年代车次少，硬卧是很难买到的。内燃机车坐到北京，你会发现身上有不少煤灰尘。我目睹过的铁路是1996年建成通车的宝中铁路。宝中铁路贯通宁夏南北，对于南部固原人来说，修建铁路在当时如同神话。我周围的人都很兴奋，破天荒了，固原也能有铁路。实际上，宝中铁路是古丝绸之路的延续。从自然地理格局上，古代关中西出北上，固原就是一条大通道，固原以南的泾水与以北的清水河，两条水系都是黄河的支流，古丝绸之路就是沿这两条水系延伸的。那里想得到，两千年后的宝中铁路的走向，与丝绸之路如此吻合。固原车站，在宝中线上是较大的站，修建的过程中，我们就去看过多次，有时候还带着孩子去看。通车后，去平凉印刷厂公干第一次就坐着火车，为了知道固原到平凉要穿越多少个隧洞，亲手揉了数十个豆粒大小的纸圪垯装右边的衣服口袋里，火车钻一个隧洞，就将右边口袋里的纸圪垯取出一个装在左边的衣服口袋里，最后就知道有多少个隧道。一个多钟头的车程，比汽车快多了。虽然路程不长，却情绪兴奋，心意与乐取竟在其中，人老祖辈的心愿都汇集在心里头。

20多年前，固原师范高等专科学校的几位老师"落叶归根"（他们或曾为右派落籍固原），分别回归青岛、昆明、怀化等城市。那个年代，他们没有多余的物件，仅有的几件不太像样的家具也要搬回老家去。搬家的过程很费神，装上大卡车，清晨由固原动身，赶黑才到西安；在西安等几天才能有集装箱。我送他们的经历和情景历历在目。有了宝中铁路，固原人外出不知方便了多少，东西南北都能衔接上，黑夜里也能赶路了。有急事，坐上火车往银川，也是6个钟头的时间。即使出差返回，车票的选订就与宝中线连接起来，虽然多次回到固原已是夜半凌晨，但总觉得节省了时间和费用，尤其是那种家乡交通发展变化情节滋生的那种自豪感。有了宝中铁路，固原的土豆、菜蔬、牛羊肉等土特产就可以依赖它走出去，外面的新鲜物也可以运进来，包括各类商品。固原人凭借这种便利的交通，开始坐地经商了，交通与物流将外面世界与固原融在一起。社会的进步和发展，在铁路建设上我感受到了。早年社会上流行的"要想富，先修路"，不是简单的口号，只是当时没有这种经历，人们的认识还是一种混沌状态，到不了现在这个程度。

近年，太（原）中（卫）银（川）线开通后，晚上坐车，睡一夜第二天九十点名就可到达北京。这一线去石家庄、太原、北京，实在是太方便了，也很舒服。现在，银川到上海、成都、广州、兰州、乌鲁木齐、西宁等城市都有火车相通，铁路网已经形成。

航空

妻子马效芬是固原地区人民医院的儿科医生，20年前作为第九批宁夏援非洲医疗队的一员，她曾前往西非贝宁履行国家使命。由于超期服务，管理部门安排家属有过一次探亲。我有了一次远行的经历，第一次坐飞机，第一次远涉重洋，万里迢迢的航程让我既担心又喜悦。那时候宁夏还没有河东机场,银川往北京去的航班起降都在银川市西夏区的老机场。记忆中的老机场看上去土土的,机场不大,航站楼很小。我们往返北京都在这个老机场。那时的航线很少,班次也不多。听上一代人讲,过去坐飞机是有级别的,而且是要相应级别的介绍信才可坐。我明白,那个年代宁夏的机场小、飞机起降架次少,多服务于政府。现在的航空,多服务于社会。河东机场的修建,是宁夏航空事业发展的一个里程碑。

经过十多年的运营和发展,航线已经辐射全国重要城市。尤其是近10年间,是宁夏航空发展史上的黄金时期。它的发展,是与宁夏经济社会发展与全国同步的。六盘山支线机场的修建与开通、中卫支线机场的修建与开通,都说明这个问题。社会经济的快速发展,延生出了这两个支线机场,也为宁夏人出行提供了更为便捷的通道。所谓的交通发达,体现的是一个有机合理的链接。

宁夏文化走出去,宁夏的地域特产走出去,丝绸之路的延伸等,都需要航空网络的快速发展。出差去河东机场乘机,你会发现变化非常之大,各色人流的出进港,机场航班的频繁起降,展示着一种活力,再现的是一种希望。河东机场起降航班与延伸的航线,不但覆盖了全国,而且向国外延伸。中阿博览会与丝绸之路经济带建设,都将提升和推进宁夏航空事业的大发展。去年暑假,宁夏师范学院与宁夏社会科学院在固原联合召开地方历史文化学术讨论会,期间正好吉林社会科学院《社会科学战线》创刊35周年纪念活动邀请我参加。吉林的会议在时间上正好与固原会议冲突,为了兼顾两个会议,我的机票预订就将六盘山机场晚班起飞到河东机场、再与河东机场去北京的航班时间链接起来。乘坐西安到固原航班,到河东机场正好与去北京的航班相衔接，晚上住首都机场。次日清晨由北京往长春，会议有车接站，八点半前已赶到会场。如果没有六盘山机场的航班，整个链接就成问题。由这件小事，可以看出宁夏航空事业发展的程度和链接的密度，它的确给快速发展着的社会提供了很大方便和更为宽泛的空间。

　　国家实施西部大开发战略以来，尤其是丝绸之路经济带战略的提出和推进，宁夏的地域优势再度得到展现，古丝绸之路背景下的宁夏地缘战略被政府认定为丝绸之路经济带重要的战略支点。承载这个战略支点的一个重要途经，就是宁夏航空网络的形成。这是未来国家大战略的重要组成部分，也是宁夏经济社会发展、文化走出去的重要通道。在这个过程中，航空事业的大发展带动和促进宁夏旅游事业空前发展。2014年几次出差，视野所及，河东机场的过境人流和起降航班的繁忙景象已经告诉我们。我深深体会到宁夏航空事业发展同样给老百姓带来了方便和实惠，正在扩建和延伸的河东机场跑道也在告诉我们宁夏航空事业的发展前景。

丝路古道三关口

三关口，是古丝绸之路的要隘，是自然天成的屏障。唐代诗人储光羲的《过弹筝峡》诗，已见证了丝绸古道三关口的悠久历史。一定规模的三关口通道的修缮与拓展，应该是到了元代。蒙元时期开发西北地区交通的一个重要举措就是建立驿站，元朝官修政书《经世大典》中就专门辟有"站赤"一门，"站赤"就是驿站。《元史·兵志》里说元代设"站赤"，目的就是"通达边情，布宣号令"。元代陕西行省建立后通往兰州的驿道走向，与汉唐丝绸之路萧关道吻合，但元代开通了六盘山道，即后来的西（安）兰（州）公路。《析津志》里详细记载了陕西行省的驿站，三关口是必经之道，但驿站设在瓦亭。过瓦亭关，即可翻越六盘山西行，也可经瓦亭北上抵达开城、鸣沙站、灵州站、宁夏府路。元代驿道非常发达，三关口在当时已经有过程度不同的开发。清代，是三关口拓展的重要时期。20世纪30年代，国民政府在抗战声中确立西北大后方的过程中，对穿越三关口的西兰公路进行过规模较大的修筑。清代中后期、民国以来途经三关口的文人，其笔下都有不同程度、不同层面的描述与记载。

吴大澂和他的《重修三关口峡道记》

　　清代同治十年（1871年），左宗棠率清军离开甘肃平凉前往镇压河州回民起义时，留魏光焘以庆、泾、平、固观察使身份驻军平凉，以确保清军粮道在西北地区畅通。三关口道路的畅通，对于清军后方运输至为重要。清光绪元年（1875年）春天，魏光涛开始修筑三关口车道。在魏光焘的看来，三关口是一处山高壁峭的险隘之地，"峭壁夹流，蛟龙出没之薮，豺狼丛伏之区也。春冬则冰凌滑折，夏秋则雨潦汹涌。而地当冲要，往来如织，马蹄车轮，辄事倾陷，是以行者苦之。"虽道路险阻，人马却络绎不绝。

一百多年前三关口，因夏秋雨水与冬春雪寒，再加上奇险绝壁的地形，行人穿越雄关十分艰辛。因是必经要道，行人"往来如织"，人马车辆又多。作为陇东地区的军政长官，魏光焘决定修筑三关口车道，"凿石辟山，阰者坦修，陡者凸平"，险而高的地方铲修，低而沟谷的地方垫平。"余捐廉疕具，督勇鸠工"，基本是用募捐的钱来购买劈山修路的工具，人力主要是军队。修筑的道路以三关口为中枢，分别向东西两边延伸，蜿蜒三十里，成了古丝绸之路萧关道上与三关口平行的道路。就是这道亮丽的风景，被当时的陕甘学政吴大澂看到了。

吴大澂（1835—1902），江苏省吴县（今江苏苏州）人。清代学者、金石学家、书画家，善画山水、花卉，书法精于篆书。清同治七年（1868年）进士，出为陕甘学政。这条造福于西北地区的关隘险道修好了。吴大澂采风路过三关口，看到这段奇险艰辛的关路被修拓得很好，方便了官府和民间的往来，遂写下了《重修三关口峡道记》：

三关口为古金佛峡，山石荦确，杂以湍流，夏潦冬雪，行者苦之，坡南旧通小道，西出瓦亭驿，乱石止路，车骑弗前。庆、泾、平、固观察使邵阳魏公，始于光绪元年二月开通此路，为道廿余里，凿隘就广，改高即平。部下总兵官高玉元、副将魏发沅、杨玉兴，参将邹冠群、彭馥桂、岳正南、罗吉亮、徐有礼等，分督兴作。凡用工八千余人，役勇丁四万余工，炭、铁、畚、锤，器用公费，縻白金千两有奇。是年五月讫功，行人蒙福，去就安稳。督学使者吴县吴大澂，采风过此，美公仁惠，勒石记事，以示来者。

这是清代修筑三关口车道较为重要的一次。

吴大澂笔下的"重修"，说明三关口险道在不同时期都有修筑。碑文开凿在4块高127厘米，宽76厘米，厚10厘米的青石碑上，隶书撰写，布局十分精美。清代后期的书界，帖学日趋衰微，碑学大兴，学书者莫不究心于秦汉及南北朝碑版，尤其是篆刻艺术高潮迭起，大学者辈出，流派纷呈。吴大澂的《重修三关口峡道记》，就是清代后期崇尚篆刻艺术碑刻时尚的再现，他精于鉴别和古文字考释，亦工篆刻和书画，以篆书最为著名。他对金石文字有精深的研究，开拓了先秦文字的广阔的视野，使他的篆书从中汲取了不少的营养。《重修三关口峡道记》碑文为隶书，中锋行笔，雄健有力，字体方圆多变，融篆隶楷于一体；横平竖直，亦取法汉碑。结构匀称，凝练遒劲，

图41

图42

刚柔相济,雄阔深厚,别具一格。

吴大澂在盛赞魏光焘为地方建设做出重大贡献的同时,要将其功德传之于后人,遂勒石记其事。"行人蒙福,去就安稳。督学使者吴县吴大澂,采风过此,美公仁惠,勒石记事,以示来者。"这是吴大澂写下《重修三关口峡道记》碑文及其缘由。同时,将文字刻凿勒碑,耸立在三关口崖壁下道路傍,就是现在人们看到的隶书碑文。

两年后的1877年,魏光焘再率僚属前往三关口,"周历上下,相度奇险",考察修筑三关口道路后的情况时,看到了吴大澂留下的赞美他公德的碑文,"余惭甚"。于是,魏光焘决定再度增筑三关口奇险处的道路,"于关口导流,巡北傍南,僻峡垠,展砌为路,剔祛沙砾,掏浚及底。甃石胶灰,层垒坚筑,除成康庄。……缭以护垣,根深三尺余,面容两辙裕如也……"。这是魏光焘看到吴大澂的碑文后,增修三关口车道后写进《增修三关口车路记》里的文字。《宣统固原州志·增修三关口车路记》里的文字,与碑文文字不完全一样。何故? 还有待考察。

随着时间的推移,魏光焘当年留下的《增修三关口车路记》的文字,已成为那个时代三关口道路变迁的第一手史料;吴大澂撰文书写并开凿的碑刻已成为国家一级文物。追溯三关口道路修筑经历,就是在追溯古丝绸之路的变迁,追溯古萧关道的今昔。现在,魏光焘的《增修三关口车路记》,吴大澂的《重修三关口峡道记》,连同吴大澂的《重修三关口峡道记》的碑刻,共同构成了三关口历史文化的一道亮丽的风景线,为固原历史文化增添了厚重的影响力。"毋忘前之人缔造苦辛,斯已矣。"我们怀念他们的功绩。

吴大澂《重修三关口峡道记》里的碑文,所指修筑车道的位置不是三关口峡谷，而是翻越三关口南坡的车道。2010年6月14日，我们去三关口考察，发现了一条翻越三关口的山路。这条路，由关口前的南坡登山，翻过山顶向西南方向随山势回旋，在三关口西边相交于瓦亭河谷，等于由西南面绕开了险隘三关口。路道走向非常清晰，是一条车道，由于沿山势迂回上下，路道相对不是太陡峭。山顶的转弯处，人工开凿的痕迹非常明显，去高就低，铲除山头的遗迹清晰可辨。为什么说吴大澂的《重修三关口峡道记》指的是翻越三关口南坡山路旧道的修筑呢？碑文里写得非常清楚："三关口为古金佛峡……南坡旧通小路，西出瓦亭驿，乱石止路，车骑弗前。庆、泾、平固道观察使邵阳魏公，始以光绪元年二月开通此路，为道廿余里。凿隘就广，改高即平。"我们考察的翻越三关口的"南坡旧通小路"，相对宽畅宜于车骑通行。魏光焘为何要修这条翻越三关口的旧路，是因为当时三关口通道"杂以潢流，夏潦冬雪，行者苦之"，深层原因自然是要保证左宗棠大军后方运输的道路

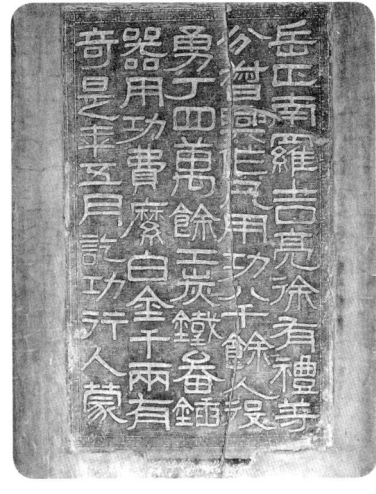

图43

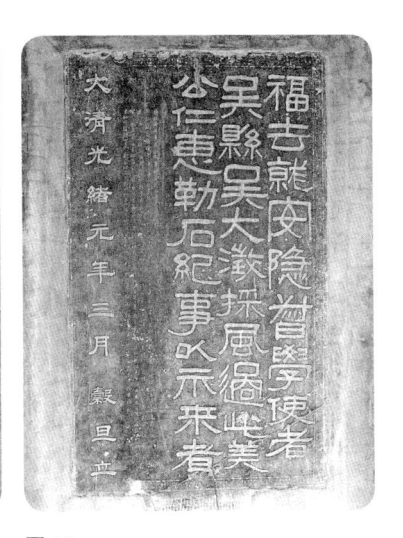

图44

195

的畅通。三关口关隘狭窄,每逢雨季河水上涨或落雪结冰时很难通过。因此,利用南坡旧道修筑拓展,凿高铺低,便于车马行人通过,尤其是军队及其粮饷辎重的运输。

1911年,袁大化出任新疆巡抚,途经三关口时在他的《抚新记程》里写道:"从前路在山上,光绪元年魏午庄光焘备兵陇东,督师开道,砌石山麓,行者称便。"作为亲历者,袁大化说的此次三关口修筑也是在山麓。

魏光焘《增修三关口车路记》文字所指,是修筑三关口车道。作为丝绸古道必经之要隘,三关口通车骑很久了,唐代诗人笔下早已写到了三关口(弹筝峡)这处雄关要隘,只是由于要避开季节而选择翻越南坡山路,等于通过三关口有关道和山道两条道。在魏光焘笔下,三关口"峭壁夹流,石径崎险,驿传经焉。夏秋雨潦,奔吼汹涌;冬春冰凌凝化,车骑往往冲淹倾陷……。"《重修三关口峡道记》的开篇就写了要修筑三关口车道的原因。"于关口导流,巡北傍南,辟峡垠,展砌为路,剔祛沙砾,掏浚及底。鳌石胶灰,层垒坚筑,除成康庄……缭以护垣,根深三尺余,面容两辙裕如也……"修筑的办法,所用的材料及其具体工程都说得详尽明白。修筑后的车道,靠河水一面还绕有护栏,护栏也做得稳妥结实,深入基础三尺余,路面宽度可容两辆车对过。

杨重雅的跋文,更是表现了多重文化艺术的展示。吴大澂《重修三关口峡道记》碑刻立于三关口者共4块,第四块碑碑文只占3行字的空间,其余皆为空白处。清同治十年(1871年),左宗棠的属下杨重雅曾有过三关口之行。光绪二年(1876年),杨重雅奉命受徽再出三关口时,不但看到了修筑后"平平荡荡""如砥如矢"的三关口道路,也看到了吴大澂《重修三关口峡道记》碑文。更有文化意义的是,杨重雅利用《重修三关口峡道记》第4块石碑空白处的位置,写了近300字的跋文,记载了他两次途径三关口的不同经历。时在光绪三年(1877年)十月。跋文行书潇洒,布局合理,同样赞美了魏光焘的功绩。

实际上,这种由两个人写同一件事、刻凿在同一块碑文上、以不同书法表现形式出场,集文史与书法艺术为一体的碑刻艺术,正收珠联璧合、相得益彰之效,更是增加了它的历史意义和文化意义。

摩崖与石刻

摩崖壁刻。清代《宣统固原州志·艺文志》里记载,三关口摩崖石刻有七处:

一是"峭壁奔流",无年月可考,下款有"晋江明题"字样。

二是"泾汭分流",落款是"丙子季秋晋江"六字。查《近世中西史日对照表》,光绪二年为丙子年;再往前查,清嘉庆二十一年(1816年)为丙子年。权衡这两个年代,光绪二年(1876年)可能性为大,应该与这一年修筑三关口车道有关。汭,它的本意是指不同水流在一起汇聚,释意是河流会合的地方。这里的"汭",应该是指出自泾川的"汭水"。

三是"山光水韵",无年月可考,落款是"龙光氏"三字。

四是"萧关锁钥",无年月姓氏可考,仅存"锁钥"二字。当地人云,早年为"萧关锁钥"四字。

五是"控扼陇东",道光二十二年(1842年)壬寅首夏,知固原州山东钮大绅题。壬寅首夏,是这年的6月2日。

六是"山水清音",道光二十九年(1849年)岁次己酉仲春,知平凉县事归安沈启曾题。岁次己酉,是这年的3月4日。

七是"山明水秀"。

实地考察,以上所列七处摩崖石刻,现在能看到只有"山水清音""山光水韵""峭壁奔流"三处,其他四处已经无法看到了。"山光水韵",应该是"山容水韵",指山水相触而发出的美妙声音,与弹筝峡名字源起的文化内涵相一致。1935年,国民政府考察西兰公路修筑情况时,随团的秘书高良佐在他的《西北随轺记》里写到:"山容水韵",与摩崖岩石刻一致。清代宣统《固原州志》里写成了"山光水韵",后人都以此引用。近乎二百年的历史文化变迁,由于各种原因,留存在这里的摩崖石刻消失已过大半。历史无情,必须做有心人,保护和利用好这里的文化遗迹。

摩崖壁刻,《民国固原县志》所记与《宣统固原州志·艺文志》相同,实际上是由该志艺文志搬过来的。由三关口摩崖壁刻看,一是对三关口(弹筝峡)得名(军事与自然)文化内涵的高度浓缩;二是记载了地方历史文化在这里的延伸;三是三关口车道修筑的历史见证。

董福祥故里碑刻。

清代《宣统固原州志·艺文志》载:董少保故里碑刊于光绪三十四年(1908年),知州王学伊书。绅民公建,在南乡官道。《民国固原县志·金石》载同于《宣统固原州志·艺文志》。国民政府时期的著名文化人,前往西北经过三关口时的所见,都在他们的文集里有记载,董少保故里碑就在三关口耸立。他们对此碑刻的所见和感受,同样留在他们记行文字里(见后文)。据此可知,董福祥故里碑似乎是两块而不是一块,即固原城南一块,三关口一块。民国年间刘文海《西行见闻记》中是"董少保碑"。

文人笔下的三关口

固原东南的三关口，我们考察过无数次。清代后期、民国以来，途经三关口的不少官吏和文化人，都感受了三关口与瓦亭峡的奇险与留存在这里的文化。《民国固原县志》里说：三关口，又名金佛峡。因峡内有金装佛，故名金佛峡。也叫弹筝峡，风吹流水，常如弹筝之声，故名弹筝峡。制胜、六盘、瓦亭三关，三关为其首，故名三关口。关于三关口与瓦亭峡，这里依据相关记载与史料，这里选取清代后期、民国时期的八位有过三关口经历的学人的笔记，分别做些梳理与比较，与朋友们共同分享文人笔下的三关口独特的地理环境和自然风光。

一是清代祁韵士（1751—1815）著的《万里行程记》里的文字，他是清代西北史地学的奠基人之一，这是作者1805年谪戍伊犁时沿途记行之作。离开甘肃平凉经安国，到了三关口，"两山夹峙如门，仅容一辙转侧而过，水啮山根澎澎然，险要莫比。过此则嵯峨万仞，叠起云间。循涧前进，如坐井观天。山高日落，路修马疲，人亦惫甚。……由瓦亭西行，二十里至六盘山。"这是二百年前祁韵士对三关口的感悟和描述。"两山夹峙如门""嵯峨万仞"，描写了三关口的雄奇；"仅容一辙转侧而过"，写尽三关口的奇险；"如坐井观天"，写足了当时三关口遮天蔽日的感觉；"循涧前进"，说明作者走的是三关口险道。

二是清代方希孟（1838—1913）著的《西征续录》里的文字。作者曾两度西游乌鲁木齐，这是作者光绪三十二年（1906

年)西行考察铁路建设计划时写的纪行之作。作者从郑州写起，离开陕西西安后沿西兰公路，于十一月十七日过三关口，"有古庙，祀杨六郎……过蒿店，连峰不断，屈曲山峡中。"过三关口瓦亭峡时，作者想起了36年前由京城西来过三关口瓦亭峡的情景，还抒发了一番人生感叹："沟峡亦有此名，弹指三十六年矣。月明如昼，流水玲珑，静夜听之，不胜万里悲凉之感。大抵人之哀乐，因境而生，孤臣孽子，怨夫思妇，最易感触。"三关口与瓦亭，"西阻络盘（六盘），东扼回岭，古来争战之要隘也"。作者第二次经历三关口的感受，除了印证古人体悟弹筝峡之名由来的深层文化影响外，身临其境，即景生情的体验，表明处在不同特殊环境中的人会产生不同的人生体验，会生成不同的情思。

三是袁大化（1851—1935）的《抚新记程》里的文字，清宣统二年（1910年），作者调任新疆巡抚，《抚新记程》是其在宣统三年（1911年）赴任新疆巡抚时的纪行之作。这年的正月，袁大化由京城起程，到陕西仍沿古丝绸之路而来。正月二十五途径蒿店，抵达三关口，"三关口，即金佛峡也。山至此突起高峰，一水中流，触石怒号，宽仅二丈，一夫当关之地。从前路在山上，光绪元年魏午庄光焘备兵陇东，督师开道，砌石山麓，行者称便。吴清帅奉使陇阪，刻石记其事。余停舆入庙瞻拜……十五里瓦亭汛，宿于行台。有城堞甚严整，固原州距此九十里。王平山直牧学伊来此接见，送新志书一部，官声尚好。……瓦亭，古要隘，为三关之一"。

袁大化的记行文里，多次写到三关口与瓦亭："地近弹筝峡，古称瓦亭关。东瞰三关口，西傍六盘山。度陇咽喉地，出入最险艰……"以诗的形式描述和赞叹三关口与瓦亭峡的雄奇。

袁大化笔下的文字，一是说明魏光焘修筑的是过去的南坡旧路，二是作者祀拜了三关口规模较大的庙宇建筑，三是瓦亭城修建甚好，四是固原直隶州州官王学伊在瓦亭城为其接风。

　　四是阔普通武（蒙古族）的《湟中行纪》里的文字，作者于光绪二十四年（1898年）以副都统衔出任西宁办事大臣。他赴任途经三关口时视野所及，都留在笔下，"入山路，双峰对峙，中流涧水，石铺沙底，琤琤有声，岩际刻'峭壁奔涛'，又刻'山水清音'"。说明作者是从三关口车道经过的，对摩崖壁刻观察很细。只是由于编校还是作者疏忽，将"峭壁奔流"写成"峭壁奔涛"。

　　有趣的是光绪二十九年（1903年）卸任返回时，又记载了对三关口的感觉。"石峡壁立，涧水缓流，面东有关壮缪庙，影壁镌唐隶书碑文一通，叙前代古迹甚详。地势险要，所谓一夫当关，万夫莫开者，于此可悟兵法。地冻石滑，幸未临深涧。"

　　往返两次三关口之行，间隔五年时间，对三关口的险隘与文化积淀都有考察。三关口弹筝峡的回音、关隘的雄奇都写出来了。根据行文看，作者是从三关口出入的。"影壁镌唐隶书碑文一通"，后人可能没有再看到过，但它却说明三关口历史的重要意义。

　　以上为清代后期官员文人路经三关口时留下的文字记载。

　　民国年间，三关口是西兰公路必经的要隘，随着时代的发展，在不断拓展修缮，其位置显得越来越重要。20世纪30年代初，国民政府开发西北的呼声遍及全国，政府也不断派考察团考察西北各地。西兰公路必经的三关口，是考察团成员必经考察的重要地段。考察过程中，一些著名的文化人，对三关口的险峻和三关口的文化遗存，在他们的笔下都有程度不同的记载。

一是刘文海《西行见闻记》。民国十七年（1928年）十月十七日，作者夜宿蒿店，"所卧炕极热，通宵未成眠。晨行数里至三关口，有董少保碑及关云长、杨六郎、七郎等庙。沿途山势甚奇，山上树木翁郁，泾水从中委蛇而出。取水煮茗，味甚清香，洵堪造成休夏佳境。由三关口而西，穿石壁行，悬壁突兀，狰狞可怖。晚宿和尚铺，地当六盘山东麓，穷陋无比。唯草屋中反多美人，骨骼皮肤，皆具秀气；尚能注重清洁，与全国任何处选女比较，当无逊色。自平凉出发以来，沿途大道，多白杨树。"刘文海过三关口，"穿石壁行，悬壁突兀"，走的是三关口车道。

　　二是张恨水的《西游小记》里写到的三关口。日本侵占东北后，有识之士怀着强烈的忧患意识，倡导开发西北，建设大后方，以作为抗日救国之基地。于是来西北考察的各方面人士渐多，包括文化人，张恨水就是其中之一。张恨水（1895—1967），著名学者。1934年5月，他携华北美专工友小李，离开北京，前往西北考察。同行的是经济委员会西安办事处主任刘景山、西兰公路总工程师刘如松，沿正在修建的西兰公路而行。到达三关口，张恨水考察得较细致。为便于详尽了解，摘其中部分如下：

　　……这是陇东最险要的一个所在，由唐宋到明清，都不失为一个军事重地。……三关口附近，山岭突起，拦挡了去路，公路却是在山谷里，顺着山涧走。……山谷两边的山峦，都长满了青葱的长草和矮小的灌木，看不到一些黄土地层。而且在青草里面，突出了很大的石头，尤其是难得。公路随着山涧旋转，非常窄小。到了六郎庙下，那山势一曲，路绕过山下一个石嘴子，便是险中之险的所在。路在山涧南岸，上面是山，下面是黄水，澎湃涧流，水碰在石岸下的山壁上，淙隆作响，猛的转个弯子流去，所以这个地方，又叫着弹筝峡。涧的北岸，却是峭壁，没有人行路。据汽车夫告诉，以前汽车初通的时候，土匪就分藏在南北两岸的石壁上，车子来了，他凭空放上两枪，汽车就得停住。要不然，他在上面向下放枪，一个人也活不了的，其险要也可知了。我们的车子到了这里，刘如松总工程师要考察工程，约摸有半个小时的耽搁，所以我就借了这个机会，绕上山坡去，看看六郎庙。到了庙里，才知道这里原是关庙。不过在两廊配殿里，配上了六朗、七郎两尊偶像。六郎面白黑须，七郎青面红须，多少带些旧戏里戏子打扮的意味，当然是后人附会的了……到了明朝，屡次在西方用兵，三关口才开了道路，亦然是行军不便……一直到左宗棠平新疆。他认为这条路有开辟之必要，就用了五万名以上的民夫，费了很长的时间，顺着山势放了水路，才有现在顺山涧走的窄路。最近在冯玉祥手上，以及华洋义赈会手上，才略有些经营，这才有些路的皱形。现在西兰公路处的计划，用炸药炸山，用石块和水泥，堆砌涧岸，抛弃利用山涧作路的方法，因为原来的路线，只要雨水大一点，就可以把路给湮没掉了。此外，三关口还有一个颇重要的胜迹，就是在六郎庙向东约几十步路的所在，有块大石碑，大书"董少保故里"五个大字。这个董少保就是满清甘军统领董福祥，左宗棠征西的时候，他建立了不少的功劳，八国联军的那一战，他也很现了一点手腕给外国人看。谈起他，在华外人不少知道的，也总可以说是位民族英雄了。在他那故里，现在没有什么，只是三四户人家，配着两棵白杨树而已。由六郎庙向西，两面全是青山，公路时而在涧西，时而在涧东，顺了山脚走，约莫有十华里，方才到了峡外的瓦亭关，由三关口东头的蒿店镇直到这里为止，共二十五华里，这个峡不能算不长，在交通未辟的时候，徒步在这里旅行，当然是危途了。

在张恨水的笔下，一是写了三关口的奇险和走向；二是写了民国时期对三关口的经营。1934年国民政府修筑三关口时，用炸药炸山，用石头和水泥砌路，"堆砌涧岸"，改变了晚清在"山涧作路"的办法。过去修筑的路面，只要下雨水，路面就被湮没而无法通行。这些文字帮助我们理清了三关口车道修筑过程中，前后所用的方法和修筑过程；三是对"董少保故里"（董福祥）碑从国家意义上作了评价，因为此时正值抗战时期。张恨水没有弄明白的是，以为三关口就是董福祥故里，"只是三四户人家，配着几棵白杨树而已"。

三是林鹏侠著《西北行》里的文字。1932年春淞沪抗战爆发后，作者奉母命由新加坡回国，准备去东北参加义勇军。"淞沪协定"签订后，她独自游历西北。本书关于三关口的记载，就是她当时的感受。

民国二十三年（1934年）12月，林鹏侠由西安到了平凉。16日过三关口：

鸡鸣起治装，天气奇寒……车行七十里至三关口，两岩对峙如屏如门；中有险径，宽可二丈许，有一夫当关万骑难逾之势，与六盘山共称天堑。入望欣然：山上树石相间，五色纷披，泾水中流，喷泉吐雪，谷应雷鸣，使人生别有天地之想。山半有杨六郎庙，相传宋时杨延昭曾守是地，土人今犹祠之。关口附近，且有焦赞、孟良之营址，历历似可辨。北人感于小说家言，如此等不经之谈，随处附会，亦姑妄听之而已。

逾三关口以西，岩峰峭峻，形益突兀。常人越过者，宜必胆寒。二十里抵瓦亭驿……

考察和记载得也较详细。作者是隆冬时过三关口的,走的是三关口车道。这时的三关口车道基本修好,只是还没有正式通车。因而作者只说其是一处险雄之关,没有说穿越三关口时的艰辛。

四是高良佐著《西北随辂记》里的文字。民国二十四年(1935年)四月二十五日,国民党中央执行委员邵元冲等考察西兰公路,从西安启程。本书作者高良佐为考察团秘书。当时全国经济委员会投资修筑的西兰公路刚刚竣工,定于五月一日正式通行长途汽车。高良佐的笔下是这样描写三关口的:

瓦亭峡,古弹筝峡(因地控六盘、瓦亭、制胜三关之口,故又名三关口)也。唐德宗时,与回纥划界,即其地。绕行涧底,两岸皆山……突起高峰,一水中流,宽仅两丈,擅一夫当关之胜,为自来战守要隘,有董少保故里碑立于道左;有关帝庙,兼供杨延昭像,相传杨曾驻兵于此,土人遂呼此为六郎庙。过庙,迎面石壁高耸,镌"峭壁奔波,山水清音,山容水韵"等字,甚遒劲。二十里,瓦亭驿,为三关之一,古要隘也。汉隗嚣使牛邯军瓦亭以拒援军,晋符登与姚苌相持于瓦亭,宋,金人陷泾原,刘锜退屯瓦亭,吴玠与金兵战瓦亭皆此。十五里,和尚铺,自此登六盘山。

作者对三关口的关隘和水流,包括摩崖壁刻等都考察得很细,如"山容水韵"四字,他当时就观察得准确无误,写成"山容水韵"。

五是侯鸿鉴、马鹤天著《西北漫游记·青海考察记》里的文字。民国二十五年（1936年）五月二十三日，作者从甘肃平凉启程。"行六十里，至蒿店。又行数里，至一碑，曰董少保故里……十里至三关口，有关庙、杨七郎庙，照壁嵌石碑六，吴大澂（清末金石家、文字学家）督学陕西时所建。《三关口修道记》隶书甚佳，记中大意谓三关口为古金佛峡也，乱石奔路，每逢横流，夏潦秋霖，行者苦之，邵阳杨公提倡修之，斥千金而道成，不可不记其功也。过此则为六盘山之麓矣，十里至瓦亭驿，又十里曰和尚铺，山路曲折，已甚崎岖。"这里，作者也看到了镶嵌在关庙前照壁里的六块石碑。印证了我们考察时当地年老人的记忆。

　　梳理清代、民国时期文化人笔下的三关口文字，使我们看到了三关口与瓦亭关在外地学者视阈中的重要位置与文化意义。同时，为我们研究地方历史文化提供了新的思路。

　　《重修三关口峡道记》与《增修三关口车路记》两块碑文，成为我们考察清代至民国年间三关口道路修筑的重要实物文献，使我们看到了三关口车道修筑变化的过程。考察结束之余，我们追问当年碑石存立的位置。《重修三关口峡道记》碑刻，为吴大澂撰文并书写，碑石现保存在宁夏固原博物馆，属国家一级文物。作者留下的这些文字，在记载修筑三关口道路原委的同时，也提出碑石存放耸立的位置，"照壁嵌石碑六"。吴大澂《重修三关口峡道记》碑刻一组4块，一块为魏光焘立《增修三关口车路记》碑，另一块至今没有下落。与三关口一位长者叙谈，他说一块被洪水冲走了。这样，"照壁嵌石碑六"的数字就衔接上了。镶嵌碑石的照壁遗址还在，照壁砖墙已破损不堪，残存的墙壁还耸立在河边的台地上。试想，当年的6块碑石镶嵌在照壁墙上，也算得三关口的一大文化景观。

考察清代后期、民国年间三关口车道要隘修筑的过程，不应该是仅仅看三关口的变迁，而是应该在古丝绸之路大背景下来审视三关口的文化内涵。清代中后期、民国以来的经历，文化人的笔下或详或疏都有记载。往前追溯，唐代人的诗文里同样记载着他们对三关口的感悟，应该做深入细致的研究。

　　当代意义上的文化建设，不应该忘却这个雄关险隘，包括传承在它身上的文化遗存。现在，威胁三关口关保护的是离三关口不远处的石料场不断在吞噬，自然天成的三关口奇险地貌已受到严重影响，政府或管理部门应该对这里的石料厂地进行整体规划，真正有效保护三关口及其自然保护区。百年的变迁，使得三关口自身的文化遗存摩崖石刻消失了一大半，保护紧在眉睫，留在三关口的摩崖石刻应该尽全力保护。瓦亭萧关文化苑的修建，应该与三关口及其文化遗存很好地衔接起来，在建设文化景的同时要保护好已有的文化遗存。如果能复制清代、民国以来与三关口有关的碑石，让它们重新耸立在三关口或瓦亭萧关文化苑，应该是保护和传承地方历史文化遗产、打造萧关文化的重要内容之一。在"一带一路"国家大战略背景下，挖掘和研究三关口丝路文化，意义和价值理应更为重大。

丝绸之路上的石窟

媒体人眼中的须弥山

2015年五月初的一天,接到中央电视台"故乡"栏目张淼先生的电话,说他们要在固原拍摄关于须弥山石窟的纪实性电视片。他寻问,一是宁夏区党委宣传部有无通知,二是我近日可否有时间。我说没有接到通知,近日要去内蒙古做实地考察,是关于绥西抗战的事,之前已安排好不能再变了。他要我给他一个返回的时间,便于他们安排行程。四天之后,我们在银川见面了。话题是丝绸之路与须弥之光。

张淼先生是在网上找人的,我便被他选中。之后才报台里,再通知宁夏区党委宣传部。他找人的前提必须是本土人,再说丝绸之路与须弥山的事。通过网络,他跟踪我的工作经历和研究内容,我才进入他的视野。故乡的话题是容易让我兴奋的,须弥山石窟我也作过一些研究,因而没有任何的顾虑和些许的谦虚就答应下来。对于我,只要能做一点对地方文化建设有益的事,都是一种欣慰。

五月十五日从内蒙古达拉特旗恩格贝回到银川,第二天就随摄制组一行去固原。固原博物馆,是固原历史文化承载的地方,尤其是丝绸之路文化。这些年,或自己去博物馆,或带孩子去,或陪客人去,想来已无数次了。这次陪中央电视台在固原博物馆主要拍摄与丝绸之路相关的内容,我认真地思考了与丝路相关的文物。拍摄是一个完整的过程,从进博物馆开始,丝路即进入视野:丝路走向、丝路文物、固原古城等,尤其是与须弥山石窟佛教文化相关的铜佛造像、北魏以及以前的石佛造像,制片人似乎想通过佛教造像与丝路之关系来解说须弥山石窟之佛光。

我是陪同者,不时要回答一些与丝路相关的话题。当要我谈谈我与博物馆的关系时，勾起了我30年间的往事。20世纪80年代初，我毕业留校，不久固原博物馆新馆落成。第一次去博物馆觉得惊奇，竟然有那么多的不知道文化背景的文物。后来，逐渐成了博物馆的常客，与博物馆的人成为朋友，大家互相学习，互相进步。主持《固原师专学报》工作后，在刊物封二开辟了"固原文博"专栏，每期推出一组文物照片。时间长了，成了刊物的品牌，也宣传了固原博物馆。30年过去了，仍经常来博物馆，这里是取之不尽的文化源泉，厚重的文化积淀在滋润着我们。丝路展厅的内容，仍是古而弥新，与当代丝路文化密切相关。

十八日上午，我们来到须弥山石窟。第一站是大佛，大佛身边是古丝绸之路通道石门关。近十余年封山禁牧，再加上雨水润泽，石门关两边的大山远远看过去就泛绿，眼前槐树花香，蓝天白云，身高20.6米的大佛耸立在古石门关北侧。第二站是相国寺，这里是北周时期开凿的大窟，佛造像高大，雕造精美，在须弥山排序为第51窟。这里有赵朴初的题字，有槐树之香，有杏坛之名，有石罅里长出的年头久远的菩提树。对面山上松树林，印证的是清代固原八景之一的"须弥松涛"。北周开凿的洞窟，与宇文泰及其家族有关。作为西魏的实际统治者，宇文泰全力支撑过须弥山石窟的开凿；作为北周的皇帝、宇文泰之子宇文邕，也与须弥山石窟有着千丝万缕的联系。

相国寺前的绿树已成林。15年前，是我们同学毕业20年聚会。在相国寺前、绿树林边上合影留念。那时眼前的树木还小，空地多而洞窟多有裸露，而今绿树成林，绿意覆盖着山峦。相国寺身后的菩提树，郁郁葱葱，生命盎然。节目制片人、摄影者，她们爬上台阶，依偎在菩提树下，体悟着这里的清静世界。15年后坐在相国寺的石台阶上，深感岁月如梭，往事却仍在眼前,不禁嘘然。

　　第45、46两窟,也是须弥山石窟有代表性的造像,而且装饰十分华丽。石窟文化,是丝绸之路文化的产物,是固原丝路文化留下来的文化遗产,也是固原地域文化的象征。晚上,在须弥山石窟博物馆拍了不少镜头。星空夜幕的时分,我们才返回到固原城里。

丝绸之路上的洛阳

去洛阳的向往之一就是到龙门看石窟。

早晨起来，天下雨了。阳光教授昨晚已安排好，今晨由他的朋友张先生（文物收藏爱好者）陪我去龙门。我准备好等他的到来，他也是如期而至。七时半，我们就出发了。

龙门博物馆

雨越下越大。龙门石窟不远处有一家博物馆，名龙门博物馆。陪同的张先生是这里的常客，与馆长王先生有业务上的往来，我便有了观赏这家博物馆的机遇。还没有到开门时间，但门卫知道是馆长的朋友时，提供了方便。进得博物馆，有讲解员为我们讲解。馆藏文物很丰富，青铜器、陶器、丝路文物、画像石等皆备，丝路文物有特点，各种造型的骆驼，各种神态的西域中亚胡人，大饱眼福。馆藏量最大的应该是墓志，地下二层近乎置放的全是块头大小不一的墓志，一部分就位，大部分还在等待整理并归类，有一些好像才进馆里。张先生说：洛阳邙山多墓，尤其是隋唐时期，墓志亦多。果然是。

龙门博物馆是私人创办的。在一楼大厅，我们与王馆长相遇。王迪先生是位"能人"，书法、绘画皆是行家，他是干大事业的人，也付出了很多。由于各种原因，龙门博物馆修建完成前后花去了近十年的光景，但终久耸立在龙门石窟的一侧。观赏博物馆藏品，目睹馆长其人，我非常推崇和敬仰。

龙门石窟

龙门石窟得益于这里的山水。水，名为伊水，自南向北流过。山，伊水东面为香山；伊水西面为龙门山，两山对峙。伊水穿两山而过，远望犹如一天然门阙。早在隋朝，就有了龙门的称谓。著名的龙门石窟，就开凿在东西两面的崖壁上。这里现存石龛二千多个，碑刻题记近3 000块，佛塔40余处，造像10万尊，是一处规模宏大的石刻艺术博物馆。

　　雨依旧下得很大。游人多得不可想象，你想越过去不可能，只能随着队伍小脚步慢慢前移。前行的人顶着伞，还要注意脚下。脚下的青石板上，泛着清亮亮的浮水，感觉光滑而坚硬。张先生是这里的常客，看到如此拥挤的游人，改变了参观的方式。他说：人太多，安全要紧。我们只看几个重要洞窟，如北魏时代有代表性的洞窟古阳洞、宾阳洞、莲花洞等，唐代有代表性洞窟如奉先寺、万佛洞等。

　　我们依张先生的游法，舍弃全部要观赏的想法。我们主要观赏了宾阳洞、莲花洞、奉先寺等洞窟。奉先寺洞窟，是我

图45

要仔细观赏的地方。奉先寺,是龙门较大的洞窟,坐落在高台上,游人拾石阶而上,平台上宽阔纵深。过去在相关文字史料里读过奉先寺里的石造像,大致知道它的修凿背景及其在龙门石窟中的地位。卢舍那大佛不但是这里的大佛造像,也是整个龙门石窟的代表性造像,更是中国佛教艺术中登峰造极之作。史籍里记载,卢舍那大佛是唐咸亨三年(670),高宗李治与武后则天共同修建的浩大工程,费用二万贯是武则天用她的胭脂钱来完成的。在这里,我们停留了较长时间,久久仰望着这里雕凿精美的佛像。佛造像精细质感的外形造像,神态栩栩如生的内心世界,无论在哪个方位看上去,佛像都会朝着你慈祥地凝视微笑。奉先寺主佛卢舍那大佛造像高17米多,头高4米,耳长近2米,形象庄严雄伟,睿知而慈祥,造型丰颐秀目。台湾著名诗人余光中在他的长诗《卢舍那》中写到:"抱佛脚是妄想,攀佛膝更不能,惟卢舍那的眼神将我们已摄住"。其实,卢舍那大佛造像已世俗化了,神与人在造像上没有了竟然太多差别;唐代的审美理念,也融入石窟造像之中。有研究者认为,卢舍那大佛是武则天的化身。是耶?非耶?其实都不重要,重要的是造像艺术的确显示了盛唐的艺术水平和境界。如果真是,也是其遗容托佛像而不朽了。

龙门石窟开凿从北魏时期算起,已经历了1 500多年的沧桑变化,由于自然环境条件的变化和影响,再加上20世纪30年代遭劫,龙门石窟佛造像完整的已不多,现在看到的卢舍那大佛,已经失去了双手。但从造像艺术看,依然是"别具不完美之美"佛造像典型。龙门石窟有个特点,由于其坚韧细腻的石质,即适宜于卢舍那大佛的开凿,也能雕凿尺余方寸的小佛像,大有大的亲和力和艺术气质,小有小的精细与灵动。造像的头饰及服饰的细微处都精细逼真,华丽多彩,玲珑剔透,再

图46   图47

现了隋唐佛教艺术造像，尤其是唐代造像对时代审美艺术的折射，艺术价值极高。

　　耸立在卢舍那大佛前，就想起了丝绸之路穿越家乡的石窟——须弥山石窟。须弥山石窟位于宁夏固原须弥山，开凿于唐代的大佛造像高达20.6米，是盛唐时期丝路文化在须弥山留下的重要文化遗存。造像时间当在武则天时期，造像风格也再现着盛唐造像艺术水平与风格，尤其是大佛造像的相似性。在洛阳看丝绸之路，以奉先寺卢舍那大佛与须弥山大佛做时代的比对，真是丝路牵引着千里万里的宗教文化，驼队驿站的铃声划破了丝绸之路上的寂静，依旧能幻化出清脆悠扬的声音。

　　当我们穿过伊河大桥到达对岸时，再回头遥望西岸，雨中的龙门山雾霭霞蒸，游人与石窟融为一体，各色雨伞参差连成一片，如同花的世界。蜂房一样的石窟若隐若现，宾阳洞、奉先寺大座佛造像端坐在窟中，卢舍那大佛似乎还在目送着你。

白马寺

　　白马寺，位于洛阳市以东20里处，始建于东汉明帝永平十一年（68），是我国历史上第一座佛教寺院。10年前偶尔机会来过白马寺，但行色匆匆。再度来白马寺，人流多于往昔；由于新建侧门及其相关建筑，已不走过去的正门（南门），而且新添了印度佛窟，大圆穹顶，里面有坐佛，外围圆形的墙壁上皆为浮雕，正门的浮雕相对简略，线条很有特点。此外，还有泰国佛教艺术复制品，占去了很大空间，且与白马寺建筑有不融之感觉。便转回去看白马寺了。

　　相传，汉明帝刘庄夜梦一位金光闪闪的巨人在皇宫上空盘旋，于是召集众臣圆梦。太史苏由占卜之后说，这是大圣人在西方诞生。他所倡导的教义千年后即可传入中国，陛下梦中的金色巨人就是降生在西方天竺国的大圣人，尊号为"佛"。汉明帝夜梦金人，得知西方有佛，遂遣蔡愔、秦景等十余人出使西域，前往西方寻求佛法，在月氏（今阿富汗一带），遇见了正在这里传播佛教的天竺高僧并盛情邀请，二位高僧欣然应允。期间，蔡愔等人还抄录了《四十二章经》。因经卷抄在竹简上，体量较大，就用一匹白马驮着竹简回来。高僧请来了，经卷也驮回来了，汉明帝大喜，下诏在洛阳建造了一所寺院，取名为白马寺。

　　白马寺建成后，明帝恭请摄摩腾、竺法兰二位移锡寺中。他们在白马寺中译出中国第一部汉文佛经《佛说四十二章经》,佛教开始在中国弘扬流布,不但逐渐渗透到中国文化深层,而且南传越南、东传朝鲜、日本。白马寺建造历史悠久,背后又有这么一个栩栩如生、活灵活现的故事传承下来,自然为洛阳白马寺积淀了厚重的文化经历。现在,白马寺门前左右仍耸立着两匹石马,延伸着这段历史,以示纪念白寺驮经的经历。只是由于侧面建筑的拓展,原白马寺正门的关闭,石马周围的环境相对冷清。

图48

图49

敦煌行记

敦煌,是个诱人的地方。20年前去过一趟,只是去了莫高窟。敦煌外围的好多地方仍让我向往,尤其是玉门关和阳关。

莫高窟

莫高窟,俗称千佛洞,开凿在敦煌城东南20余公里鸣沙山东麓的崖壁上。据记载,莫高窟创建于前秦,历经十六国、北魏、西魏、北周、隋唐、五代、宋、西夏、元代等多个朝代,是集建筑、雕塑、绘画三位一体的立体艺术。利用在敦煌研究院开会间隙,中国社会科学报记者相约去莫高窟,等于开了小灶。大约看了十余个洞窟,讲解的小伙子讲得很通透,诸如洞窟的背景、佛教与洞窟的关系、经变故事在敦煌洞窟的表现形式、洞窟形制、佛教造像变迁、隋唐佛像造型与壁画艺术等,觉得很有收获。20年前来过敦煌,记忆最深的是王圆箓与藏经洞。20年后再来,对敦煌的理解加深了。一是对敦煌石窟艺术的了解和认识,二是对敦煌佛教艺术的了角与认识,三是对敦煌人精神的了解和认识,由常书鸿到樊锦诗。

中午,看了敦煌艺术博物馆、敦煌研究院博物馆、常书鸿故居,看了这两个博物馆,敦煌大半个世纪的艰辛历史就清楚了。常书鸿故居,是土坯平房,十分简陋,外围被高大的杨树围着,另是一种景观。先生的故居,让后人看到了那一代人的精神追求和高远志向。李其琼,是南方的奇女子,一生都留在敦煌,为敦煌而倾注了自己的年华。李其琼画展让人会更加感动,更加敬佩。他们是敦煌精神的象征。

按照会议安排,下午再去看若干个洞窟。初秋的敦煌,游人很多。通常,每天限6 000人参观。逢双日,有应急门票,为

图 50

的是解决在敦煌待了几天还没有门票的游人。这样,游人就非常多。我们考察结束时已近6时,人流依旧排队等待。讲解员说,她们直到晚上十点才能回家。这就是文化的魅力。

玉门关

玉门关,俗称小方盘城。出敦煌西北行90公里即玉门关,为戈壁之地,古代人得走三天。30年前读唐诗里的"春风不度玉门关",觉得很遥远。这里是我国古代通往西域的重要关隘,也是丝绸之路北道的必经关口。以玉门为名,相传与古代西域和阗等地所产美玉由这里输入中原有关。正因其重要的地理位置,建制级别高,为玉门都尉治所,也是边地重要的军事防御中枢所在。魏晋南北朝时,玉门关迁入瓜州晋昌县境(今安西县双塔堡一带),这个故关就废弃了。现在看到的了玉门关小方盘故城为方形,规模不大,但保存较为完整,城墙为黄黏土夯筑,西北两面城墙各开一门。在以戈壁为背景的视野里,小方盘城远远看上去,黄颜色的城墙衬托得极为亮眼。据说,1909年英国人斯坦因、1944年我国考古前辈夏鼐、阎文儒都在这一带的烽燧遗址中发掘并出土过汉简,记载着这里是"酒泉玉门都尉",在敦煌设郡之前,已有了玉门关的名字,是一处很古老的边城重镇。

在离玉门关10余公里处是河仓城,又名大方盘城,在敦煌西北60公里戈壁滩上,西距玉门关20公里,始建于汉代。此地正当疏勒河南岸,因临河而筑,被称为河仓。城垣东西呈长方形,长130余米,南北宽约17米;城池坐北向南,为夯土板筑。城墙北壁上留有多个三角形小洞,现在看上去依旧明显。作为粮仓,这些小洞可能起着透风透气的作用;城墙南壁倾圮严重。整体上看,河仓城虽然残缺,但形制仍在,高耸的城阙东面残塌,西边的城阙仍高高耸立在旷野里,当年的雄姿仍能从其城池感觉出来。河仓城修筑在汉代,两汉魏晋时期这里地处西域边防线上,河仓城是储存粮秣及其军需的重要仓库,为驻守玉门关的将士提供粮食及其军需品。这里不但为防御匈奴民族的侵扰起到了重要的军事保障作用,而且呵护着丝绸之路的畅通。

疏勒河很有名,依河床看为东西流向。河的北面是东西走向的大山。从防御意义上看,疏勒河在当时就是一道防御屏障。河床很宽,杂草丛生,望过去是碧绿的颜色,与四周的沙漠形成清晰的比照。8月的疏勒河没有流水,站在河边是看不到河水的,似乎刚刚干涸一样,但河道的湿度足以生长出满目

图51

图52

的绿意来,而且生命力极强。古代的疏勒河,河水应该是很大的,它是玉门关的第一道军事防线。古人在这里修筑河仓城,为驻守在这里的军队提供粮饷。军队在这里驻防,是极具防御作用的。

　　河仓城,是全国重点文物保护单位,文物管理部门在这里安排人员看守,住得很悠闲。这家人在河边的台地上种上玉米、辣子、茄子等蔬菜,长得很好,看上去地表水很浅。河仓城驻军属于前线,玉门关靠近疏勒河十余公里,是武官驻守的地方。玉门关遗址,只有一个方形的小土城。城修筑在高地上,东西北三面皆低洼地,玉门关居高临下,关城高高地耸立在游人的视野中,低洼处长有各种杂草,再回望四周全是沙漠地,看上去很苍凉,但它却是历史的见证。

汉长城

　　离开玉门关继续西行,不远处就看到了修筑在沙漠中的汉代长城。长城东西延伸,是玉门关之外围,是汉代修筑的与玉门关关城、河仓城相匹配的军事防御体系。在玉门关以西,我们看到了保存完好的一段汉长城。据记载看,长城墙基宽高皆3米左右,由黏土、沙砾夹芦草筑就。仔细观察,一层沙粒,一层草秆,厚度皆在十公分左右,看上去十分清晰。长城与烽燧相依相伴,传递信息和需要烽燧上燃起的烟火。报警的规定,白天"煨烟",夜晚"举火",煨烟与举火所用的材料是有区别的。煨烟用薪积,如芦苇、红柳、胡杨枝等,点火用"燔苣"主

图53

要是芦苇。两千多年过去了，汉长城一段一段保存得基本完好，真会让你震撼，也会觉得历史留下了这些遗迹，让你与两千年前的历史对话。

这道长城一致往西，直到罗布泊。这条通道，伴随着丝绸之路进入塔克拉玛干南道。

离开汉长城继续往西，有一处名为雅丹地貌的地质构成，是最近几年发现的。实际上，早在百年前斯坦因时期就发现并命名：陡而顶平的地貌。现在，这里奇特的地貌已成为国家地质公园，空间很大，但我们是走马观花。在几处较为经典的造型前驻足观赏，如金狮迎客、孔雀玉立、金字塔、西海舰队等，都是根据地貌特征命名的。这里的地表全是沙漠细石，高高凸起的造型却是较为坚硬的土质。这是其奇特之处。

雅丹地貌，是玉门关、汉长城、阳关之间点缀的一个景点。

阳关

阳关位于敦煌西南70公里处，正好处在敦煌、玉门关三角地带。因居玉门关之南，故有阳关之称。与玉门关北道相比较，这里谓之南道，可西往鄯善、莎车，为汉唐丝绸之路南道上的重要关隘和门户。与玉门关一样，"西出阳关无故人"里的阳关同样遥远。玉门关扼守着疏勒河流域一望无垠的沙渍地；阳关却在山地的高处，扼守着西南方向的羌人。这里不同于玉门关，没有人烟。十年前，关注地域文化的民间人士修建了阳关博物馆，做得很大气。我们去阳关博物馆那天，纪姓的馆长不但准备了瓜果、葡萄招待大家，而且发表了十分精彩的演讲。他是博物馆的见证者,也是地方历史文化的弘扬者。馆藏文物较为丰富,设置也比较好。看阳关博物馆,可以大致了解阳关的历史背景与文化,包括烽燧与防御等。最兴奋地还是看仍耸立在山顶的汉代烽燧,它是阳关的见证。

坐电瓶车就可以直接上到阳关烽燧所在的山顶上。这里是一座由东向西延伸的山头,西、北、南三面皆在视野之中;烽燧更高,可俯视阳关以西和南北的军情。尤其重要的是,这里控扼着两条水系:一是西土沟,二是渥洼池。在控制水源方面,阳关与玉门关都看重这一点,这是必须的。这里的确有阳关道,有自然地理意义上的军事防御条件。与玉门关一样,地形特殊,控扼着河流水系。

"古董滩",是方言。阳关的位置正好在古董滩上。据说,每当大风刮过后,这里常常会捡到裸露在地表的兵器、货币、陶片、生活装饰用品等汉晋时的遗物,包括房屋、农田、渠道等遗址,这就有了古董滩的名字。站在阳关烽燧的高山上,往南俯视,一是可看得见森林茂密的阳关镇。乘车前往阳关的路上,可以看到低洼处碧绿的树林、嫩绿齐整的葡萄架、路边清清的渠水。在四周被沙漠围堵的阳关塞下有如此景致,足以吸引游人。阳关塞下的阳关镇是极具地域特点的。二是阳关道。古阳关道正当阳关烽燧所在山体南边,或

图54

许因了阳关道，才有了后人所说的"你走你的阳关道，我过我的独木桥"。眼下的阳关道，呈东西走向，与阳关烽燧所在的山体是一致的。浅红色的细沙路面，显得宽阔。讲解说员，当时的阳关道九排牛车可并排通过。

与阳关相邻的渥洼池，今名为南湖，应该是非常吸引人的地方，它与天马传说有关。汉代因邻近寿昌城，曾有过寿昌海或寿昌泽的名字。相传西汉元鼎年间，南阳新野人暴利长因罪充军这里，见一群野马常于池边饮水，尤其是发现其中有"奇骏"，遂设计捕得，"欲神异之"，故谎称马从池水中出，于是献于武帝。汉武帝见此马不凡，以为太乙神所赐，故名"太乙天马"。据《汉书·武帝纪》记载说，元鼎四年（前113年）秋，在当时渥洼池发现了一匹奇异之马。汉武帝得到渥洼池马后，即兴写了《天马之歌》（又称太一歌），其中就有天马"霑赤汗，沫流赭"之句，赭为红色，写的就是渥洼池之马。有了这个传说和汉武帝"天马之歌"，历代文人墨客诗文不断传世，"渥洼池"与"天马"同样传名于后世。在阳关烽燧俯视渥洼池，除沙漠中的一大片树林外，就是遥望中进入视野的碧绿的水域。在四沙相围的地方能有如此千年不得干涸的水域，自然是十分神奇的地方。

丝路文化的通道

玉门关、阳关、汉长城，它们既是古人诗赋典籍里遥远的记忆，又是古丝绸之路中西文化往来通道上的最有代表性的文化符号。游走在这片亘古广袤的大地上，目睹了它的存在，触摸了它的千年遗迹，感悟了丝路文化永恒的根脉。

汉武帝当年置河西四郡，西端为重镇敦煌。在加强西北边境防御的同时，拓展了丝绸之路。西出敦煌，丝路怎么走？亲

图55

历玉门关、阳关、汉长城之后就清晰了,走南北两线,与塔里木盆地南北缘相衔接。其意义与价值不能放在今天视阈下来看待,而是要放在两千年前的当下来审视。玉门关、阳关、河仓城、汉长城,它们的存在,都在述说着这个曾经辉煌的历史。

湿地与城市

湖城之韵

　　银川，是丝绸之路上的重要城市。以西夏建都算起，已近千年的时光了。追溯历史，从十六国时期夏王赫连勃勃的行宫之地到北周怀远郡的设立，或许湖城就依着年轮延续下来了。黄河水养育了银川平原上塞北江南的景观，黄河水也生成了银川平原很多大小湖泊，银川城市的诞生就是伴随着平原上的湿地而一步一步走过来的。

　　明朝皇帝朱元璋的儿子朱栴受封宁夏后，借着宁夏府城环湖的地貌，修建了不少园林建筑，诸如丽景园、芳林宫、清暑轩、凝翠轩、金波湖、南塘等，充分利用了湿地的自然地理条件。因了这些建筑和湖水，又写下不少传世的文学作品，形成了一个地域文化的圈子。在宁夏历史上，这是一个特殊的文化现象。但它的缘起，却与周围的湖泊不无关系，谁能说开它呢？

　　湖泊湿地，是宁夏平原地理条件所孕育的一大自然景观，将这些天然形成的景观与城市建筑衔接起来，就成为一种文化。明代《嘉靖宁夏新志》，在"山川"条里写到的湖泊只有7处，到了清代《乾隆宁夏府志》里，在"山川"条下就列得很细了，有近40处湖泊。湖泊的不断发现与命名，说明当时人们所处的社会环境相对平稳安定，生活水平在逐步提高，有了观赏湖水自然景观的审美意识和闲性逸致，是人们对湖文化不断认识的一种经历，也是宁夏城市文化提升的过程。

　　数百年后的今天，这些出现在前人笔下的银川城市周围的湖泊湿地，大多已伴随着岁月的逝去而湮没。社会的变迁，自然环境的变化，湖泊湿地或者逐渐消失，或者已被农田和城市建筑所取代，但与湖泊湿地相生相伴的地名却沿袭了下来，传承的是曾经的历史和兴盛的湖城文化。后人们只有在读历史的瞬间,才能感悟到那些远去了的时空。

其实,历史的根脉是割不断的,文化的穿透力更让你佩服。

20世纪末,尤其是新世纪之初,随着宁夏经济社会和文化的大发展,城市建设要求与周围环境的协调发展,生态文化建设与人类和谐相处的传统哲学理念,逐渐引起了有识者的深思和高度重视。水是城市的眼睛,是城市文化的精灵。城市文化发展的大趋势,从审美意象上将城市与水连接在一起,不但环银川城市尚存的湖泊湿地被重视了,而且还有了大手笔。在传统湖文化的基础上,鸣翠湖修整了,环城的哎依河开通了,……成了人们观赏体验的好去处。现在,我们看到的湖水,虽不是原始意义上的湖水,但它依旧凭借的是自然意义上的水源。千年大运河,现在正申报世界文化遗产,名冠天下的扬州瘦西湖,也是人工历史的著名文化遗迹啊!

而今,环银川城而耀眼的湖、河水系,与现代化的建筑已融为一体。在北方的城市里,像银川这样环城的水系是不多见的。乘公共汽车穿过哎依河边时,万木丛绿与波光粼粼的景致,会使你感受到这里被湖河滋润着的城市,有如同南方城市一样的秀美。去年参加兴庆区专家服务团期间,我们就旅游

图56

开发考察过鸣翠湖，那景致更是原汁原味的古朴。这湖靠近黄河边上，观鸣翠湖，就会想起一千五百多年前的夏国主赫连勃勃，他都看准了这里优美的天然环境。

挖掘和利用银川平原的湖泊湿地资源，打造城市文化的品牌，创建和谐社会，是当代人的生存理念。近年来，政府在建设大银川的过程中，充分利用了历史以来黄河文明在银川平原形成的天然生态资源，鸣翠湖、阅海湖、西湖等环城市而布的大型湖泊，已经成了城市文明的象征。它改善了环境，它又是回归自然的一道亮丽的城市风景线。碧水波光，潋滟生辉的湖水之韵，吸引了众多的游人，成了人们回归自然的去处。

每个城市有每个城市的名片，每个城市有每个城市环境的风韵，"千城一面"不是城市文化的终极。湖文化，体现的就是银川城市的风韵。水与城市的美，人与自然的和谐，就是通过水域来体现的。依着这些水系，我们能够追溯到自然文化里融注着的银川城市文化久远而厚重的文化信息。

环银川城市的平原湖泊的充分利用，已经体现了当代城市文化特殊的表现魅力，更是未来人与自然和谐发展的典范。市民也好，游人也罢，我们都要去享受它，去爱护它。

2007年，"中国和谐城乡游"激发了城市居民的旅游意识，在都市里游湖观海，在体现回归自然的同时，同样体现的是地域文化独有的表现形式。银川城市建筑与湖水文化的有机结合，就有了这种功能，去体验一下，乐趣自在其中。从人的视角，这是提升城市文化品味的自然意义上的形象。21世纪的文明主要是特殊文明，即从"功能城市"走向"文化城市"，是城市文化的一大飞跃。文化城市是什么？是天人合一的生存空间。文化意义上的湖城银川，也同样在体现着这种功能。游走银川的湖城，这种感觉就产生了。

城市文化和文化城市，是两个概念。城市文化建设要留住城市的"魂"。银川环城湖水，应该是银川文化城市之"魂"的重要组成部分。只要你徜徉其中，你才会有这种水系与城市相融而灵动滋生的感觉。

建筑与水文化原本是一体的。在这个空间里感觉湖水文化与相伴的城市，这是一种福分，更是一种情缘。感恩的还是湖城独有的气韵。湿地，滋润着这个丝路古城。

一座城市的故事读了半生

六盘山下有一条河，名清水河。因了清水河，上游西岸衍生了一座城，名固原。西周时期，这里就是防御北方少数民族南下的地方，《诗经》里称其为大原。历史很悠久了，史书记载凿凿。如果从汉代高平县筑城算起，已经是一座二千多年的古城了。在这漫长的岁月里，这座城与中国历史上许多重大历史事件和重要人物结下了缘分。汉武帝六次在这里巡边，司马迁笔下的安定郡，光武帝刘秀在高平大宴群臣，宇文泰与李贤家族的特殊经历，唐太宗李世民、肃宗李亨在固原……；丝绸之路同样在这座城市里留下了中西方文化融合的遗存，还有那传承千古的诗人和他们的诗歌……。近年，中国与中亚五国联合申报丝绸之路世界文化遗产，这座古城已作为申遗的重要遗产地进入预选名单。

北魏时期，是固原筑城的重要时期之一。关陇统治集团的奠基者宇文泰，实际上是一个没有黄袍加身的统治者。他在经营关陇统治集团的同时，刻意经营着这座城市。他的儿子宇文邕做了北周的皇帝后，依旧牵念着他曾经生活过的固原城，当时称为高平镇。北周天和四年(569)大规模修筑固原城。近千年后的明朝，固原成了与蒙古兵锋对峙的重要地区，指挥西北军事的陕西三边总督府就设置在这座城市里。北周修筑的城是内外，明朝修筑的城成了外城，规模更大，而且是清一色的大砖所包砌，是北方著名的砖包城。清代几百年，城池基本完好，成了北方地区一大景观。已故著名历史地理学家史念海先生说过：没有拆除的固原城，比山西平遥古城还要好。民国以来，尤其是1920年海原大地震后已有损伤。20世纪70年代初，彻底毁掉了，城砖全部拆除移入地下，成了修建防空洞的材料。

第一次看到这座城墙雄伟的样子，是在20世纪70年代初一个繁星满天的夏夜。那一年，我十五岁。从我们家到县城里，有50余华里行程，我跟着哥哥，拉着装有二百斤左右重的架子车（人力车）。同行的还有一家兄弟俩，同样也是拉着大致相同重量的车子。经过近乎一夜的行程，当朝霞映红天边时，我们到了城里。青砖包砌的古城，就耸立在我们的面前，数层石条铺就的墙基，看上去非常坚固；城墙上有凸出的马面，城墙顶端的城堞造型凸凹有致，与小人书连环画里看到的城一模一样；南城门四道圆型门洞，皆砖石砌就，看上去青苔遍布，沧桑斑驳。目睹过千年的古城墙后，城的影子就深深地留在心里。

数年后，我有幸在城里读书了，但曾经看到过的雄伟的城墙却只剩下了土胎，而且千疮百孔。后来才知道，城墙砖扒掉后全部运到地下，修筑防空洞了。历史的年轮又转过了数年。1981年夏，我读完专科学校中文专业后，托上苍的福，能在曾经读过书的这座城里的一所高校工作。这时候，城墙的土胎已经一段一段被铲平，古城墙基本告别了这个世界。

经历了两千年风风雨雨的固原城，本身就是一部厚重的无字之书，历史与文化的久远经历，都浓缩在它身上。如果说承载着历史文化的古城已经远去，那么，典籍和地方志书里记载的古城依然显活着，还在述说着古城曾经的历史。近20年的时光，我就生活、工作在这座古城里，在不断阅读典籍和记载与这座城市有关的书籍外，还不停地阅读和体悟着历史时空与文化积淀写就的这部大书，它是历史延伸过程中的驿站，尤其是后者：秦皇汉武、战争场面、达官显贵、文人墨客、商贾僧侣，还有丝绸之路上中西文化交流过程中的人和事……都会向你走来，他们会给你讲述与这座古城有关的历史和文化。有了这种特殊的感觉和生活经历，我在想读懂这座古城前天和昨天的同时，能清晰地勾勒出它的历史线索，能相对完整地复原式地描述出所经历的文化现象，便有了追述和再现这座城市的文字，历史的记忆和情感的追述，都浓缩在早已撰写并出版的几部书稿里，这座城市的古今、文化的多样性脉络都凝固在里面。

有缘于这座城市，成就了我漫长的追求和不懈解读：有了长时间的解读和审视，我受益于这座城市。历史太厚重了，文化积淀太丰厚了，她伴随着我的人生旅程。我的理解，我的视野，我的情感，都围绕着这座城市的故事。欣慰的是，我对这座城市的解读所留下的文字，同样为后人了解这座城市架上了桥梁，开辟了一条鲜花盛开的幽径。他们一旦踏上了这条小径，同样会吮吸到弥久而新的醇香，会欣赏到清新淡雅的四季山水图，会审视到中西文化融会过程中遗存在这里的文化遗产的价值和意义。

现在，我离开这座城市已七八个年头了，但留在心中的"城"永远没有远离，经常回归到没有城墙的城市里。解读这座城市的根，仍然在这座城市里，她依旧给我提供着与历史和文化结缘的乳汁，见证着这座城市的变迁。当看到《文汇读书周报》刊发的"我的城市我的书"这个题目时，思绪马上回到了学习、生活和工作过的这座古城，便写下了这篇承载着我人生经历的文字。

后　记

　　关注丝绸之路文化是 30 年前的事。1983 年，考古工作者在固原古城南塬上发掘的北朝李贤墓，出土了大量珍贵的丝绸之路文物。消息传开，人们觉得很惊奇。固原博物馆的朋友相约，我们还去了发掘现场。这些出土的丝路文物，见证了丝绸之路中西文化交流在固原的文化遗存。当时受学识与视野的局限，对其理解仅仅是在地域文化的空间上，但却联想到故乡的那条大路和大路上的驼队。那是一条南北走向的大道，谁也说不清它缘起于哪个年代。那个时候，长途运输的骆驼队还能见到，拉骆驼的人给骆驼喂盐的情景、骆驼拉下的黑色圆形粪蛋，都深深地留在童年的记忆中。因为骆驼是丝绸之路的象征，驼队走过的大道，承载着丝绸之路的历史。

　　接触《丝绸之路》杂志，是与丝路文化结缘的一个新契机。我不但订阅这份杂志，还邮购了之前已出版的全部。其间与杂志社的编辑老师有了书信往还，成了未曾谋面的往年交，出版的大著也赐我拜读。后来，陆续写了一些与丝绸之路相关的文字，有些内容还在丝路杂志发表过。数年前，在银川的一次会议上，有缘认识了丝路杂志副主编马玉蕻老师；2013 年，在西安的一次丝绸之路学术会议上，有幸结识了主编冯玉雷先生。我们是同行，都从事编辑工作，逐渐成了学术圈子里的朋友；接触多了，增进了相互了解、支持和鼓励。

近年，丝路杂志社秉承开放办刊的理念，在做好编辑工作的同时，走出书斋与社会接触，将"一带一路"建设与丝绸之路的研究结合起来，将学术研究与丝路考察、传统文化的传播与弘扬结合起来，出了不少学术成果，有些学术研究成果得到了转化。在这个过程中，我们之间的联系更多，也不时地参加一些由丝路杂志社与地方政府联手举办的与丝路相关的学术会议。组织和推荐大丝路文化丛书的出版，是杂志社的一大创新，集中推出丝路文化研究成果，为国家"一带一路"战略助力，为地方经济社会文化建设和发展服务，为读者了解丝路文化提供了窗口，体现了传统"经世致用"的思想。我呈送的这部书稿，取名为《驼铃悠韵萧关道》有两层意思，第一，骆驼是丝绸之路上重要的运输工具，是丝路文化独有的视角意象；第二，萧关是关中西北部著名的军事要隘，也是丝绸之路东段北道必经的重要通道，历代文人留下了大量描写萧关与丝路文化的诗文。书稿得到了杂志社的热心推荐，也得到上海科技文献出版社的认同，忝列为丛书之一种，非常高兴，也十分感激。

收在这本册子里的文章，从时间看，大多是近十年间撰写的，有一部分在报刊发表过。从内容看，与丝绸之路相关者较多，尤其是中国与中亚五国联合申报丝绸之路世界文化遗产的过程中，宁夏的四处遗产地进入预备名单，我异常兴奋，相对系统地书写了它们的前世今生，目的是为申遗助力。一部分是历史文化地理方面的文字，即使这方面的内容，依旧是在大丝路文化时空背景下来叙述的。在地域空间上，东起于洛阳，西至于敦煌，涵盖了绿洲丝绸之路东段的历史文化。

书稿付梓之际，多有一些感慨。人的一生如同行路，有缘时总会相遇贤哲之人。十分感念丝绸之路杂志社的冯玉雷主编、马玉蕻副主编、杨文远副主编，感念诸位先生的抬举和厚爱。书稿成册时间仓促，有的篇章文字略显粗糙，个别篇章虽然书写角度不同，但细微处仍有重复之嫌。责任编辑胡欣轩先生本着"一本书主义"的精神，认真负责，精益求精，付出了辛劳，花费了心血，仅在此表示最诚挚的谢意！

薛正昌
2016年中秋于固原